Bekannter werden mit Instagram

Social-Media-Marketing für Selbstständige und Unternehmer

Dennis Tröger

Mit einem Vorwort von Martina Haas

C.H.BECK

So nutzen Sie dieses Buch

Die folgenden Elemente erleichtern Ihnen die Orientierung im Buch:

Beispiele: In diesem Buch finden Sie zahlreiche Beispiele, die das Gesagte illustrieren.

 Die Merkkästen enthalten Empfehlungen und hilfreiche Tipps.

Auf den Punkt gebracht

Am Ende jedes Kapitels finden Sie eine kurze Zusammenfassung des behandelten Themas.

Hinweis: Allein aus Gründen der besseren Lesbarkeit wird in diesem Buch nur die männliche Form verwendet. Gemeint ist stets sowohl die weibliche als auch die männliche Form.

Inhalt

Vorwort   5

Warum Instagram eine Chance für Unternehmer
und Selbstständige ist   7

Wie Marketing in sozialen Medien wirklich
funktioniert   11
Wo befindet sich Ihr Kunde gerade?   11
Bauen Sie frühzeitig eine Beziehung zum Kunden auf   12
Das wichtigste Prinzip: Geben. Geben. Geben.   13

Wie funktioniert Instagram?   17
Die Grundfunktionen   17
Der Instagram-Algorithmus   22

So treten Sie optimal auf   31
Warum sind Sie auf Instagram?   31
Finden Sie Ihre Zielgruppe auf Instagram   33
Zeigen Sie Ihre Persönlichkeit   39
Ihr perfektes Instagram-Profil   40
So finden Sie die passenden Hashtags für
Ihr Business   45

So erstellen Sie Inhalte, die Ihre Follower lieben 53

Sprechen Sie über das, worüber Ihre Follower
sprechen 53

Einen guten Post auf Instagram gestalten 58

Weitere Tipps für gute Inhalte 72

Wie Sie einen lebendigen Instagram-Kanal aufbauen 77

Wie Sie die ersten Fans bekommen und halten 77

So verkaufen Sie auf Instagram 82

Live-Übertragungen auf Instagram 87

Die Macht guter Werbeanzeigen 91

Partner-Strategien für schnelles Wachstum 99

Deshalb sollten Sie Partner-Marketing anwenden 99

So finden Sie potenzielle Partner 103

Jetzt loslegen 115

Glossar 123

Anmerkungen 125

Vorwort

Instagram ist m. E. derzeit die interessanteste Social-Media-Plattform, daher sollten Unternehmer und Selbstständige rasch auf diesen Zug aufspringen oder ihren Instagram-Account pushen. „Learning by doing" können sie nicht leisten. Das kostet zu viel Zeit – ohne Garantie, mehr Follower und Bekanntheit zu erlangen. Der Ratgeber von Dennis Tröger schafft Abhilfe. Er gibt gut verständlich und kompakt Orientierung und erfüllt das, was sein E-Book, das mich begeisterte, erkennen ließ: Seine wertvollen Tipps erleichtern Instagram-Neulingen die ersten Schritte. Instagram-Accounts, die bislang unsystematisch und in Unkenntnis der vielfältigen Möglichkeiten betrieben wurden, nehmen Fahrt auf, sobald die pragmatischen Empfehlungen des Autors umgesetzt werden.

Es geht um sorgsamen Beziehungs- und Community-Aufbau. Instagram ist kein Kaltakquise-Tool. Etwas verkaufen werden wir erst dann, wenn Follower uns und unserer Kompetenz vertrauen. Das gelingt, wenn wir Nutzen stiften. Das Zauberwort ist Content. Es lohnt, in Vorleistung zu gehen, denn damit investieren Sie mittel- und langfristig in Ihr Business.

Ich wünsche Ihnen viel Erfolg bei der Umsetzung und dem Autor und seinem Buch große Resonanz in der Insta-Welt und offline.

Martina Haas
Expertin für Networking und Bestseller-Autorin
www.martinahaas.com

Warum Instagram eine Chance für Unternehmer und Selbstständige ist

Ich liebe Instagram und Social Media für das, was sie sind: Medien, um Menschen mit den gleichen Zielen, Träumen und Wünschen miteinander zu verbinden. Es wird mehr kommuniziert als jemals zuvor in der Menschheitsgeschichte. Niemals war es leichter, andere Menschen für die eigenen Ideen und Produkte zu begeistern. Sie brauchen heute kein riesiges Budget, um mit Ihrer Stimme Tausende, Zehntausende oder Millionen von Menschen zu erreichen. Heute steht Ihnen mit Instagram, Snapchat, Facebook, YouTube und Twitter die Tür offen, sich als Marke im Kopf Ihrer Zielgruppe zu verankern.

Wenn Sie sich an einem öffentlichen Platz befinden – was sehen Sie? Die Wahrscheinlichkeit ist hoch, dass die meisten Menschen um Sie herum einen Blick auf ihr Smartphone richten. Dies wird uns entweder missfallen oder wir sehen das als unternehmerische Chance. Ich möchte, dass Sie sich nach diesem Buch für die zweite Möglichkeit entscheiden.

Instagram ist längst kein Spielplatz mehr für Jugendliche und sogenannte Early-Adopters – Neugierige, die vieles ausprobieren. Die folgenden Zahlen verdeutlichen die Relevanz und Reichweite sozialer Netzwerke:

- Jede Minute werden bis zu 65.900 Videos und Fotos auf Instagram geteilt (und das war Mitte 2016).[1]
- Jede fünfte Minute am Smartphone wird in den USA in einer Facebook-App verbracht (WhatsApp, Facebook und Instagram).[2]

- YouTube streamte 2017 jeden Tag 1,25 Milliarden Stunden Videos.[3]
- Instagram hat 2018 die Marke von einer Milliarde monatlich aktiver Nutzer geknackt.[4]

 Die Frage ist nicht, ob Ihre Zielgruppe auf Instagram ist, sondern wie Sie dieses Medium für sich nutzen können.

Die Zeiten ungeteilter Aufmerksamkeit sind vorbei – wir sind ständig durch irgendetwas abgelenkt und Unternehmen fällt es schwer, die Aufmerksamkeit der Kunden zu gewinnen. Sie ringen mit Medienangeboten, Wirtschaft und Politik um diese knappe Ressource. Ein Großteil der Aufmerksamkeit Ihrer Kunden richtet sich auf die sozialen Medien, deswegen ist es wichtig, dass Sie dort präsent sind:

- Vor dem Fernseher wird gleichzeitig auf Instagram gescrollt oder mit der Familie über WhatsApp ein Bild geteilt.
- Unternehmen geben viel Geld aus, damit ihre Produkte im Supermarkt an der Kasse ausliegen – das Problem? Die Kunden verbringen die Wartezeit am Smartphone und nehmen die Produkte nicht wahr.
- Kunden lesen Artikel, schauen Videos und posten zugleich auf Instagram.

Für Unternehmer ist es wichtig, dass wir uns an diese neue Realität anpassen.

Soziale Medien, wie Instagram, eignen sich dafür, eine regelrechte Fangemeinschaft um Ihre Marke herum aufzubauen und Neukunden zu gewinnen. Dieses Buch wird Ihnen helfen, die richtige Zielgruppe zu finden und mit Ihren Inhalten anzusprechen. Sie werden lernen, wie Sie eine starke persönliche Marke für sich oder Ihr Unternehmen aufbauen.

Auf den Punkt gebracht

Soziale Medien sind ein fester Bestandteil im Leben der Menschen. Geschäftsführer, leitende Angestellte, genauso wie Alt und Jung sind auf Instagram vertreten – Instagram kommt in der Mitte der Gesellschaft an.

Aus Unternehmenssicht sollten wir die Zeit, die Menschen mit sozialen Medien verbringen, als Chance wahrnehmen.

Wie Marketing in sozialen Medien wirklich funktioniert

Durch das Internet und soziale Medien können Inhalte in Echtzeit bewertet werden und Unternehmen erhalten Feedback, wie gut die Inhalte bei der Zielgruppe ankommen. Es ist wichtig, als Unternehmen zuerst an den Kunden und dann an den Umsatz zu denken.

In diesem Kapitel lernen Sie Konzepte kennen, die Ihre Sicht nachhaltig verändern werden. Ich möchte Ihnen zeigen, was die meisten Unternehmen auf Social Media falsch machen und wie Sie dieses Medium für den Verkauf nutzen können. Das Kapitel gibt Ihnen verkaufspsychologische Tipps an die Hand, die Ihnen im Off- und Online-Geschäft nachhaltig helfen werden.

Wo befindet sich Ihr Kunde gerade?

Ich halte regelmäßig Vorträge und mache oft ein Experiment mit den Teilnehmern. Dafür frage ich in die Runde, wer aktuell auf der Suche nach einem Auto ist oder wer ein Haus kaufen möchte – fast immer sind es drei Prozent der Anwesenden.

Wenn Sie und ich in die Fußgängerzone in Frankfurt gehen und 100 Menschen fragen – das gleiche Bild würde sich ergeben. Für Ihre Dienstleistung bedeutet das, dass drei Prozent Ihrer Zielgruppe aktuell bereit sind, bei Ihnen zu kaufen. Im Schnitt geben 67 Prozent an, dass sie über das Produkt bereits nachgedacht haben. Die restlichen ca. 30 Prozent haben hingegen kein Interesse, sei es wegen einer generellen Ablehnung gegen das Produkt (Veganer werden nicht zu Fleischessern) oder einer Antipathie gegen Ihre Marke. Das Problem ist, dass fast alle Unternehmen um die drei Prozent buhlen und die meisten Werbeanzeigen an diese drei Prozent gerichtet sind. Dies führt zu einem erbitterten Kampf um die Aufmerksamkeit des Zielpublikums. Die Konsequenz ist in vielen Branchen ein Preiskampf – gut für den Kunden, schlecht für Sie. Das wird in den Google Ads – der Werbeplattform von Google – deutlich: Begriffe mit einer klaren Kaufabsicht, wie z. B. „Miele Waschmaschine kaufen", sind extrem teuer. Der Grund dafür ist einleuchtend: Wer einen solchen Suchbegriff eintippt, steht kurz davor, eine Waschmaschine zu kaufen.

Doch was ist passiert? Ist der Kunde eines Morgens aufgewacht und hatte den Wunsch, eine Waschmaschine zu kaufen? Nein, der Weg vom ersten Gedanken bis zum tatsächlichen Kauf ist für jeden Menschen unterschiedlich. Viele Unternehmen denken kurzsichtig und fokussieren sich auf die „heiße Phase" vor dem Kauf: Der Kunde weiß schon, dass er kaufen will und begibt sich auf die Suche nach dem besten Angebot. Jetzt verkaufen die Unternehmen über den Preis, vor allem in einer Zeit, in der viele Angebote und Produkte beliebig austauschbar sind.

Bauen Sie frühzeitig eine Beziehung zum Kunden auf

Smarter ist es, wenn Sie bereits vor dem eigentlichen Kauf eine Beziehung mit potenziellen Kunden aufbauen. Der Weg von der ersten Idee bis zum Kauf und darüber hinaus wird als Customer Journey bezeichnet.

Instagram und soziale Medien ermöglichen es Ihnen, noch vor dem aktuellen Kaufwunsch eine Beziehung aufzubauen und früh in die Customer Journey einzusteigen. Diese persönliche Beziehung sorgt dafür, dass Sie nicht direkt in den Preiskampf mit anderen Anbietern steigen müssen. Durch gute Inhalte und echten Mehrwert können Sie dafür sorgen, dass Ihre Follower sich wirklich mit Ihnen verbunden fühlen. Mit der Zeit können Sie so einen „Kaufsog" im Kopf Ihrer Follower auslösen: Sie verkaufen, ohne zu verkaufen.

Unternehmen versuchen in sozialen Medien, die drei Prozent der Kaufinteressenten zu umwerben. Leider geht das meist noch an den Bedürfnissen der Kunden vorbei: Sie öffnen Instagram für einen kurzen Moment und für seichte Unterhaltung.

Ein guter Instagram-Account gibt dem Nutzer jedoch die Unterhaltung, die er sucht und kombiniert diese Inhalte mit aktuellen Angeboten und Informationen zu Produkten und Dienstleistungen.

Das wichtigste Prinzip: Geben. Geben. Geben.

Wenn Sie früh in der Customer Journey Ihrer Kunden ansetzen wollen, dann brauchen Sie etwas, was diese interessiert. Sie wissen jetzt, dass nur ca. drei Prozent Ihrer Zielgruppe akut nach einer Lösung suchen und bereit sind, zu kaufen. Das bedeutet, Ihr Instagram-Account muss einerseits die Menschen erreichen, die noch nicht so weit sind und andererseits diejenigen, die bereits bei Ihnen gekauft haben. Gerade die letzte Gruppe wird von vielen Unternehmen ignoriert: Ihre zufriedenen Käufer sind Ihre besten Empfehlungsgeber.

Damit Sie die komplette Customer Journey Ihrer Zielgruppe abdecken können, teile ich Ihnen das wichtigste Prinzip auf Instagram und allen sozialen Medien mit: Geben. Geben. Geben.

Der Zweck Ihres Instagram-Kanals ist nicht, dass Sie Ihre Produkte verkaufen, sondern Ihren Followern einen Mehrwert bieten. Dafür ist es wichtig, dass Sie sich mit der Lebensrealität Ihrer Follower auseinandersetzen: Was sind deren Probleme und Interessen?

Beispiel für ein Softwareunternehmen

Ein Softwareunternehmen vertreibt eine Steuer-Software für Mittelständler. Viele Mittelständler haben aber bereits eine Software und der Markt ist stark umkämpft. Eine mögliche Strategie wäre, Tipps und Tricks für Selbstständige und Kleinunternehmen in den sozialen Medien zu teilen. Die dankbaren Unternehmer werden an das Softwareunternehmen denken, wenn sie in Zukunft nach einer Softwarelösung suchen bzw. die bisherige Software austauschen wollen.

Dieses Softwareunternehmen könnte Vorlagen, praktische Tipps sowie günstigere Alternativen vorschlagen und damit schon helfen, bevor ein Kunde überhaupt ein Kunde ist.

„Geben. Geben. Geben." bedeutet, dass Sie Inhalte generieren, die für Nutzer relevant sind, von denen Sie noch gar nicht wissen, dass sie Ihre Kunden werden könnten. Damit bauen Sie eine Beziehung auf und schaffen Loyalität.

Ich will Ihnen nichts vormachen: Diese Strategie braucht Zeit und Sie werden viel Durchhaltevermögen benötigen – doch ich verspreche Ihnen: Es lohnt sich. Sie halten dieses Buch des C. H. Beck Verlages in den Händen, weil u. a. eine Folowerin der Meinung war, dass meine Inhalte es wert seien, gedruckt zu werden. ☺

Sie lesen dieses Buch auch, weil ich zehn Jahre Fehler gemacht habe und das Gelernte aus diesen Fehlern in diesem Buch für Sie zusammenfasse. Ich bin nicht in drei Monaten zu einem bekannten Instagram-Experten geworden – es hat Jahre gedauert.

Der Aufbau einer aktiven und lebendigen Fangemeinschaft braucht Zeit, denn Sie müssen sich das Vertrauen der Follower hart erarbeiten.

Auf den Punkt gebracht

Instagram ist dafür geeignet, den Nutzern seichte Unterhaltung zu bieten. Wenn Sie die Nutzer mit Angeboten überschütten, erreichen Sie maximal ca. drei Prozent der Nutzer, die aktiv suchen.

Bauen Sie eine Beziehung zu potenziellen Kunden auf. Damit verschaffen Sie sich einen enormen Wettbewerbsvorteil.

Um Follower zu gewinnen und diese in Kunden umzuwandeln, müssen Sie Inhalte mit einem Mehrwert für die Zielgruppe bieten. Nach dem Prinzip „Geben. Geben. Geben." teilen Sie Ihre besten Tipps und Tricks und gewinnen damit das Vertrauen Ihrer Zielgruppe als Experte.

Wie funktioniert Instagram?

Die Grundfunktionen

Im Jahr 2010 ist Instagram als soziales Netzwerk für Fotos gestartet. Die Neuheit damals war, dass Fotos mit vordefinierten Filtern überlagert und mit anderen Nutzern geteilt werden konnten. Die Einfachheit von Instagram hat innerhalb kürzester Zeit Millionen von Menschen davon überzeugt, sich mit der Plattform auseinanderzusetzen.

Seine Herkunft als Bilder-Netzwerk leugnet Instagram auch heute nicht, denn das Design der Plattform ist stark reduziert. Bilder, inzwischen auch Videos, werden prominent platziert dargestellt. Kommentare und Bildbeschreibungen sind erst durch einen separaten Klick sichtbar. Der Minimalismus ist es auch, den viele Nutzer an dieser Plattform schätzen. Bis heute hat es Instagram geschafft, den Fokus auf den Inhalten bzw. Bildern zu belassen und das einfache und intuitive Design beizubehalten.

Die wohl größte Veränderung ist der Instagram-Algorithmus, der 2016 eingeführt wurde. Er sorgt dafür, dass Inhalte nicht mehr chronologisch erscheinen, sondern nach Relevanz sortiert werden. Ich werde später die grundsätzliche Funktionsweise des Algorithmus näher beleuchten und wie Sie ihn zu Ihrem Vorteil nutzen können.

Nach dem Öffnen der App erscheint der Feed: Der Ort, an dem die Inhalte aller Teilnehmer, denen Sie folgen, zusammenlaufen. Wie alle Netzwerke hat Instagram ein Profil, auf dem Sie als Nutzer Ihre persönlichen Angaben machen können. Je klarer Ihre Positionierung ist, desto einfacher wird es Ihnen fallen, neue Mitglieder zum Folgen zu animieren.

Anders als bei Facebook geht es bei Instagram nicht um Freunde, sondern um Follower, wie bei Twitter. Ein Follower ist jemand, der Sie und Ihre Inhalte abonniert. Damit zeigt er, dass er Ihre Inhalte interessant findet und mehr davon sehen möchte.

Sie können einem Follower zurückfolgen, müssen aber nicht. Im Unterschied zu Facebook gibt es kaum eine Differenzierung zwischen privaten und geschäftlichen Profilen – zumindest von außen betrachtet.

Genau dort liegt der große Vorteil für Sie als Unternehmer: Sie können sehr eng mit Ihren Followern kommunizieren und erhalten dadurch die Möglichkeit, Kunden auf eine völlig neue Art zu binden oder zu begeistern.

Durch sogenannte Direktnachrichten können Sie, ähnlich wie bei WhatsApp, mit anderen Nutzern direkt kommunizieren. Der persönliche Austausch wird auf Instagram sehr geschätzt. Denn auf den ersten Blick wirken die Kommentare und Inhalte oft oberflächlich. Die Tiefe der Gespräche entsteht dann in den Direktnachrichten. Ich selbst habe über diese Funktion tolle Menschen, spannende Geschäftskontakte und ganz neue Ideen gefunden.

Besonders bekannt ist Instagram für seine #Hashtags. Diese ermöglichen es dem Nutzer, seine Inhalte zu verschlagworten und damit leichter auffindbar zu machen. Die Nutzung dieser Hashtags kann in manchen Branchen entscheidend für den Einsatz von Instagram sein.

Seit 2010 sind diverse Formate und neue Funktionen hinzugekommen, die ich Ihnen nachfolgend erläutern möchte:

Fotos und Videos

Im Feed werden Fotos und Videos der Menschen gezeigt, denen Sie folgen, sowie Ihre eigenen Inhalte. Zusätzlich platziert Instagram auch Werbeanzeigen.

Ein auf Instagram geteiltes Bild oder Video wird auch als Post (Englisch für Beitrag) bezeichnet. Jedes Posting besteht aus dem Inhalt (Video/Bild) und einer Bildunterschrift mit bis zu 2.200 Zeichen.

Das Format bei Instagram-Videos und -Bildern ist 1080x1080 Pixel.

Um neue Inhalte zu veröffentlichen, müssen Sie auf das „+"-Zeichen unten in der Mitte drücken.

Anschließend können Sie zwischen Video und Foto wählen. Während der Veröffentlichung haben Sie die Möglichkeit, die Videos und Fotos durch einen der vorgegebenen Filter zu verändern.

Die Nutzer können Fotos liken (Herz), kommentieren (Sprechblase), teilen (Papierflugzeug) und speichern (Band).

Stories

Mitte 2016 wurden die Instagram-Stories eingeführt. Hintergrund war, dass Instagram die Konkurrenz durch Snapchat zu spüren bekam, welches über dieses Feature verfügt.

Eine Story ist ein 15 Sekunden langes Video oder ein Bild, das über einen Zeitraum von 15 Sekunden angezeigt wird. Jede Story verschwindet automatisch nach 24 Stunden. Erstellen können Sie eine solche Story u. a. durch das Drücken auf das Kamera-Symbol links oben auf dem Startbildschirm. Sie können für eine Story bereits vorhandenes Videomaterial verwenden oder Sie nehmen ein neues Video durch das Gedrückthalten der Aufnahmetaste („+"-Zeichen in der Mitte) auf.

Zu Beginn wirken 15 Sekunden wenig und es scheint, als könnte damit fast kein Inhalt transportiert werden – doch der Schein trügt.

Neben der Video-Funktion haben Sie die Möglichkeit, durch sogenannte Sticker Ihr Video interaktiver zu gestalten. Allerdings ist nicht jeder Sticker auf jedem Handy und für jedes Benutzerkonto verfügbar.

Zu den Stickern gehören folgende Optionen:

- Umfragen mit Ja-/Nein-Charakter,
- Erwähnungen anderer Nutzer (@dennis_troeger),
- Nutzung von Hashtags (#mainz, #frankfurt),
- Uhrzeit und Temperatur,
- das Stellen von Fragen,
- ein Schieberegler für Stimmungsmesser sowie
- Icons, Smileys und Musik.

Instagram-Profile mit mehr als 10.000 Followern können das sogenannte Swipe Up-Feature nutzen. Damit kann hinter eine Story ein externer Link gelegt werden, der durch ein Hochwischen geöffnet wird.

Interaktive Stories sind der Schlüssel zum Erfolg für eine interaktive und lebendige Community.

Später zeige ich Ihnen eine einfache Dramaturgie für den Aufbau Ihrer Stories.

In Ihrem Profil finden Sie unter Ihrem Profiltext die Highlight-Funktion: Dort können Sie Stories für mehr als 24 Stunden speichern. Das ermöglicht, Stories für Produktpräsentationen oder Vorstellungen zu nutzen.

Eine besondere Form der Story ist die Live-Übertragung. Sie können, je nach Smartphone-Modell, Live-Übertragungen mit anderen Nutzern im Interviewstil durchführen. Diese Live-Übertragungen stehen ebenfalls für 24 Stunden zur Verfügung.

Instagram-TV (IGTV)

IGTV wurde anlässlich des Erreichens von einer Milliarde monatlich aktiver Nutzer Mitte 2018 und als Konkurrenz für YouTube eingeführt. Die Videos dürfen eine Länge von zehn Minuten haben und müssen im Hochkant-Format gefilmt werden. Die Limitierung auf Hochkant-Videos lässt sich umgehen, wenn Videos zunächst hochkant gefilmt und dann 90° gedreht werden. Als Strategie hat sich etabliert, dass vor dem eigentlichen Video ein „Rotiere Dein Smartphone jetzt" eingeblendet wird.

IGTV-Videos können ebenfalls geteilt, geliked und kommentiert werden.

Aufgrund der erlaubten Länge eignet sich IGTV für tiefgründige Themen. Durch das „Swipe Up"-Feature in den Stories (das Link-Symbol im Story-Erstell-Modus) können Sie direkt auf ein IGTV-Video lenken. Sie können auch vorbereitete Videos (z. B. mit der Software Camtasia) dort heraufladen.

Der Instagram-Algorithmus

Der Instagram-Algorithmus hat ein einziges Ziel: Die Zeit zu verlängern, die die Nutzer auf Instagram verbringen. Der Grund ist, dass jede Sekunde mehr eine potenzielle Werbeanzeige ist, die den Nutzern und Ihnen gezeigt werden kann. Jede Werbeanzeige bedeutet einen möglichen Klick und damit Einnahmen für Instagram und dessen Mutter Facebook.

 Helfen Sie Instagram, seine Ziele zu erreichen und es hilft Ihnen, Ihre zu verwirklichen.

Seit der Instagram-Algorithmus eingeführt wurde, hat er die Instagram-Community ziemlich in Aufruhr versetzt, denn er hat die Spielregeln grundlegend verändert. Vor der Einführung des Algorithmus wurden alle Inhalte chronologisch angezeigt. Wer zuletzt gepostet hat, konnte sich sicher sein, gesehen zu werden. Interaktion war zu dieser Zeit zweitrangig, die Quantität war zunächst eines der Hauptkriterien für den Erfolg auf Instagram.

Noch immer herrscht die Meinung vor, dass Accounts mit vielen Followern besonders erfolgreich seien. Zweifellos sind viele Follower von Vorteil, jedoch kommt es nicht nur auf die Anzahl, sondern auch auf die Qualität der Follower an.

Durch den Algorithmus werden die Inhalte nun mithilfe von Machine Learning nach Relevanz bewertet. Für Ihren Content bedeutet das: Ist er nicht relevant, wird er erst nach dem Content anderer Nutzer angezeigt.

Jedes Unternehmen steht mit anderen Unternehmen im Wettbewerb um die Aufmerksamkeit seiner Kunden. Durch den Algorithmus wird diese Aufmerksamkeit gezielt durch Instagram gesteuert. Die Fragen, die sich stellen, sind: Wie wird Relevanz bewertet? Woher weiß Instagram, welcher Content den Nutzer interessiert?

 Sie müssen den Instagram-Algorithmus verstehen, um Ihre Strategie anzupassen.

So bewertet Instagram die Relevanz Ihrer Posts

Im Hintergrund findet Machine Learning statt: Sie und Ihre Inhalte werden, relativ zu allen Inhalten und Nutzern, gemessen. Diese Werte werden jedes Mal neu berechnet, wenn Sie sich auf Instagram bewegen.

Der Instagram-Algorithmus zieht verschiedene Kriterien zurate, wenn Ihre Inhalte bewertet werden. Aus diesen Kriterien errechnet Instagram in Sekundenschnelle die Relevanz Ihrer Inhalte für andere Nutzer. Diese Relevanz wiederum bestimmt, wie häufig Ihre Inhalte anderen Nutzern angezeigt werden. Die nachfolgenden Kriterien spielen dabei eine Rolle:

• Verweildauer (wie lange sieht sich jemand Ihre Beiträge an oder interagiert damit),

- die Anzahl der Likes, Shares, Kommentare und Speicherungen, die Ihr Beitrag erhält,
- die Hashtags, die Ihre Beiträge oder die, mit denen Sie interagieren, beinhalten,
- welche Menschen bei Ihnen oft kommentieren und
- wo Sie oft kommentieren.

Sehen Sie sich einen meiner Beiträge länger an als die Beiträge von anderen Nutzern, wird Ihnen Instagram ein Interesse an mir und meinen Postings zuschreiben. Poste ich einen neuen Inhalt in Ihrer Abwesenheit, dann erhöht sich die Chance, dass ich Ihnen beim nächsten Besuch zuallererst angezeigt werde.

Kurz gesagt: Sie bekommen das Instagram, das Sie verdienen. Denn Ihr Verhalten und Ihre Aufmerksamkeit entscheiden darüber, welche Nutzer Sie vorrangig zu Gesicht bekommen.

Gestalten Sie Inhalte, die relevant sind, und erhöhen Sie so die Chance auf mehr Interaktionen und Follower.

 Ein einfaches „hilfst Du mir, helfe ich Dir".

Diese Kennzahlen sollten Sie kennen

Instagram bietet die Möglichkeit, Ihren Account mit einer Facebook-Seite zu verbinden, sodass ein Business-Profil erstellt wird. Sobald Sie das tun, werden Ihnen bestimmte Kennzahlen angezeigt. Im sogenannten Insights-Tab auf Ihrem Profil, welches Sie über das Menü-Icon oben rechts erreichen, finden Sie einige Kennzahlen. Ich möchte Ihnen die wichtigsten vorstellen, die Sie unter „Interaktionen" finden:

Ihre wöchentlichen Profilaufrufe

Diese Zahl gibt Ihnen an, wie viele Menschen Ihr Profil in der letzten Woche aufgerufen haben. Sie ist wichtig für das Gewinnen neuer Follower. Sobald ein Besucher Ihr Profil aufruft, entscheidet er darüber, ob er Ihnen und Ihrem Content folgen möchte. Je mehr Profilbesucher Sie generieren, desto mehr Follower werden Sie gewinnen.

Webseitenklicks

Es ist möglich, dass Sie einen Link in Ihrem Profil angeben. Die Aufrufe dieses Links werden in der Statistik gezählt.

E-Mails, Route planen und Anrufe

Diese Interaktionen sagen Ihnen, wie oft der jeweilige Knopf in Ihrem Instagram-Profil von den Nutzern gedrückt wurde.

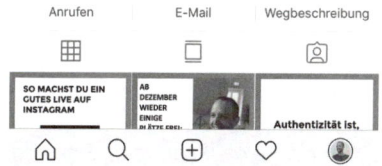

Reichweite und Impression

Reichweite und Impression werden oft miteinander verwechselt. Die Reichweite ist dabei die Anzahl der eindeutigen Personen, die Sie erreichen. Dagegen gibt die Impression den Wert an, wie oft Ihre Inhalte gezeigt wurden. Wenn Ihr Beitrag einem Benutzerkonto fünfmal gezeigt wird, dann wäre das eine Reichweite von eins bei fünf Impressions.

Diese Kennzahlen helfen Ihnen, sich Ziele auf Instagram zu setzen und diese zu überwachen. Strategische Ziele könnten neben der Neukundengewinnung und Kundenbindung auch die Stärkung der Marke sein, um insgesamt den Umsatz zu steigern. Achten Sie darauf, dass Ihre Ziele „S.M.A.R.T." sind: spezifisch, messbar, akzeptiert, realistisch und terminiert.

Die Kunst liegt nun darin, diese Zahlen sinnvoll miteinander zu kombinieren und auszuwerten. Einige Beispielauswertungen möchte ich Ihnen zeigen:

Die Conversion-Rate

Diesen Begriff finden Sie häufig im digitalen Marketing. Was eine Conversion, also „Konvertierung", konkret ist, hängt von Ihrem Ziel ab. Dieses Ziel können Verkäufe, Besucher auf einer Webseite oder Anrufe sein.

Beispiel zur Errechnung der Conversion-Rate

Nehmen wir an, Sie möchten Menschen dazu bekommen, telefonisch mit Ihnen Kontakt aufzunehmen. Wenn Sie auf Instagram eine Telefonnummer hinterlegt haben, können potenzielle Kunden Sie direkt anrufen. Eine Conversion wäre dann ein Besucher Ihres Profils, der sich tatsächlich mit Ihnen in Verbindung setzt. Wenn 1.000 Menschen Ihr Profil besuchen und 100 Menschen Sie anrufen, dann ist das eine Conversion-Rate von zehn Prozent (gewöhnen Sie sich lieber an niedrigere Werte).

Um Aussagen über den Erfolg oder Misserfolg einer Strategie machen zu können, kann man die Conversion-Rate zu Hilfe ziehen. Das kann die Anzahl der Besucher, die in Follower umgewandelt werden, oder eben ein Anruf sein.

Die Click-Through-Rate

Die Durchklicksrate (Click-Through-Rate; CTR) ist eng mit der Conversion-Rate verknüpft. Sie beschreibt, wie oft eine bestimmte Handlung durchgeführt wird im Verhältnis zu potenziellen Klicks. Die maximale CTR liegt bei 100 Prozent, wenn 100 Prozent der Besucher einen Link anklicken würden. Im Fall von Instagram könnten Sie berechnen, wie groß die CTR im Vergleich von Webseitenbesuchern zu Profilbesuchern ist. Im Durchschnitt finden Sie hier Raten von zwei bis fünf Prozent.

Beispiel zur Errechnung der Click-Through-Rate

Sie haben einen Beitrag erstellt, in dem Sie dazu aufrufen, Ihre Homepage zu besuchen. Jetzt können Sie in den Beitrags-Insights sehen, wie viele Webseiten-Klicks stattgefunden haben und wie groß die Reichweite war.

In unserem Fall gehen wir von einer Reichweite von 100 und fünf Webseiten-Klicks aus:

$$\frac{5}{100} \times 100 = 5\,\% \; CTR$$

Sie können die CTR auch für Ihr Profil berechnen. Dafür teilen Sie die Webseiten-Klicks durch die Profilbesuche. Diese Werte finden Sie in den Kanal-Insights unter „Einstellungen".

Die Engagement-Rate

Die Engagement-Rate gibt an, wie viele Menschen mit Ihren Posts in Form von Kommentaren, Likes und Speicherungen im Verhältnis zu Ihrer Reichweite des Postings interagieren.

> ### Beispiel zur Errechnung der Engagement-Rate
>
> *In diesem Beispiel gehe ich davon aus, dass Sie ein Bild gepostet haben und es 100 Likes und 35 Kommentare erhalten hat sowie fünfmal gespeichert wurde.*
>
> *100 Likes + 35 Kommentare + 5 Speicherungen = 140 Interaktionen*
>
> *Bei 525 erreichten Konten wären das:*
>
> *140 / 525 x 100 = 27 %*
>
> *Damit ergibt sich eine Interaktionsrate von 27 Prozent. Wird diese in einer Tabelle für längere Zeit erfasst, ergibt sich ein durchschnittliches Engagement für den Account.*

Die Engagement-Rate ist eine unterschätzte Kennzahl, denn die meisten Augen gehen Richtung Follower. Doch erst eine Engagement-Rate von mehr als drei Prozent gilt als Standard auf Instagram – ob die Engagement-Rate gut ist, hängt auch von der Anzahl Ihrer Follower ab. Wirklich vitale und lebhafte Kanäle brauchen durchschnittlich sechs bis acht Prozent Interaktionsrate.

Manchmal werden Sie sehen, dass die Engagement-Rate im Verhältnis der Interaktionen zur Anzahl der Follower berechnet wird.

Interaktionen schlagen Follower

Die Interaktionsrate ist langfristiger und von größerer Bedeutung als eine reine Follower-Steigerung.

Ich selbst erinnere mich an den Account eines potenziellen Kunden: 50.000 Follower. Eine stattliche Zahl. Doch bei näherer Betrachtung zeigte sich, dass die Interaktionsrate nur bei 0,14 Prozent lag. Ein schlechter Wert im Vergleich zum Instagram-Durchschnitt von ca. drei Prozent.

Weiter unten zeige ich Ihnen konkrete Strategien, wie Sie die Interaktionsrate erhöhen können.

Die von mir genannten Kennzahlen sind nur ein kleiner Ausschnitt der Zahlen, die Ihnen zur Verfügung stehen. Doch diese drei stellen die wichtigsten für die Bewertung Ihrer aktuellen Strategie dar. Ohne diese Kennzahlen sind Sie ein Captain ohne Karte – ohne zu wissen, ob Sie Ihrem Ziel wirklich näher kommen. Anhand dieser Zahlen können Sie Ihren Erfolg auf Instagram messbar machen.

Auf den Punkt gebracht

Instagram ist ein soziales Netzwerk mit einem starken Fokus auf Bilder und Videos. Mit 15-sekündigen Videos (Stories), Bildern und Videos im Feed und IGTV (10-minütige Videos) tauschen sich die Menschen dort aus.

Der Instagram-Algorithmus belohnt die Nutzer, die relevanten Content für ihre Follower erstellen und damit die Verweildauer erhöhen. Inhalte werden durch Machine Learning auf ihre Relevanz für jeden einzelnen Nutzer bewertet.

Wer Instagram hilft, die Menschen auf der Plattform zu halten, hilft sich selbst, mehr Follower und Reichweite zu generieren.

So treten Sie optimal auf

Ein Instagram-Profil haben Sie in weniger als zwei Minuten angelegt. Die Basisdaten sind schnell ausgefüllt und ein Profilfoto leicht gefunden. Genau in dieser Einfachheit liegt der Trugschluss, dass es wirklich so einfach ist.

In diesem Kapitel werde ich Ihnen eine Anleitung an die Hand geben, wie Sie ein Instagram-Profil kreieren, dem andere Menschen gerne folgen und das zur Interaktion anregt.

Ich will Ihnen nichts vormachen: Es gibt Branchen, die sind sexy, und es gibt Branchen, die sind es nicht. Wenn Sie Steuerberater sind, dann lieben Sie Ihren Beruf hoffentlich – aber vermutlich haben Sie die Hoffnung aufgegeben, dass andere Menschen Ihre Begeisterung teilen. Fragen Sie mich mal, ich habe Biochemie im Studiengang mitbelegt. Nicht unbedingt ein Thema für den Smalltalk im Aufzug.

Mit etwas Engagement ist Instagram für jede Branche einsetzbar. Sie werden von mir Beispiele zu Steuerberatern, Softwareunternehmen, Fitnesstrainern und Anwälten erhalten.

Bevor Sie mit Instagram richtig durchstarten können, müssen Sie eine wichtige Frage beantworten: Warum existiert Ihr Instagram-Konto überhaupt?

Warum sind Sie auf Instagram?

Sie haben die Werkzeuge in der Hand, um erfolgreich als Marke zu sein. Nie waren die Barrieren für kleine und mittelständische Unternehmen niedriger. Früher gab es Radio, Fernsehen und Zeitungen. Der Preis für Anzeigen auf relevanten Werbeplätzen war hoch und die Ergebnisse schwer messbar – wie viele Menschen sehen Ihre Anzeige wirklich? Im digitalen Marketing ist alles viel leichter: Ein Klick? Gemessen. Ein Kauf? Zurückverfolgt. Werbeanzeigen sind heute für jedes Unternehmen machbar. Gleichzeitig müssen Sie als Unternehmer oder Selbstständiger niemanden mehr bei der Zeitung kennen oder einen Platz in einer Talkshow ergattern. Sie können jetzt das Smartphone in die Hand nehmen und sich der ganzen Welt präsentieren. Wir leben in einer Welt, in der 13-jährige Schüler mit Karaoke-Auftritten in Apps Millionen von Menschen erreichen. Diese Macht liegt in dem kleinen viereckigen Gerät im Umkreis von maximal fünf Metern von Ihnen (lag ich richtig?).

Wenn ich als Besucher Ihren Kanal aufrufe, müssen Sie mir einen sehr guten Grund dafür liefern, wieso ich Ihnen folgen soll. Der Klick auf den kleinen „Folgen"-Button hat nämlich zur Folge, dass ich Ihnen einen Platz in den heiligen Hallen meiner Aufmerksamkeit schenke. Leider ist die Welt aber voll von schlechten Social-Media-Kanälen.

Um gute Inhalte und ein packendes Profil zu gestalten, braucht Ihr Kanal einen Zweck – ein höheres Ziel, auf das Sie hinarbeiten:

- Ein Kommunikationsexperte, der hilft, Ziele durch Sprache schneller zu erreichen.

- Ein Dental-Studio, welches davon überzeugt ist: Jeder hat das Recht auf ein schönes Lächeln.

- Der Steuerberater, der über Änderungen im Steuerwesen informiert und Start-ups mit Tipps versorgt.

- Der Internetrechtsanwalt, der praktische Tipps veröffentlicht, die jeder umsetzen kann.

Das sind alles reale Beispiele von Instagram. Gerade Rechtsanwälte und Steuerberater haben hervorragende Chancen auf Instagram aufzufallen – denn das sind Themen, die viele Menschen betreffen.

> *Der Zweck Ihres Kanals ist nicht, zu verkaufen.*
>
> Wie im Kapitel „Wie Marketing in sozialen Medien wirklich funktioniert" schon erwähnt, ist Ihr Kanal nicht primär dafür da, um zu verkaufen. Ihr Kanal ist dafür da, um zu geben.

Sie möchten mehr Menschen erreichen, eine aktive und lebendige Community aufbauen und Follower für Ihre Produkte und Dienstleistungen begeistern.

Eine wichtige Zutat fehlt noch: Ihre Zielgruppe.

Finden Sie Ihre Zielgruppe auf Instagram

Um Ihre Zielgruppe auf Instagram zu finden, gebe ich Ihnen eine einfache und doch sehr hilfreiche Strategie an die Hand. Mit dieser wird es Ihnen gelingen, in kurzer Zeit herauszufinden, wer Ihre Zielgruppe auf Instagram ist.

Jedes durch Menschen geschaffene Werkzeug hat einen Zweck: Kraft auf einen einzigen Punkt zu bündeln. Ein Hammer überträgt die gesamte Kraft auf einen kleinen Punkt und erzielt damit seine Wirkung. Ein Laser ist gebündeltes Licht und kann Stahl schneiden.

Das Gleiche gilt für Ihren Instagram-Kanal: Je mehr dieser auf die Bedürfnisse einer Zielgruppe ausgelegt ist, desto attraktiver wird der Kanal für diese Menschen. Ihre Follower haben dann den Eindruck: Dieser Kanal ist wie für mich gemacht!

Die meisten Instagram-Kanäle wollen möglichst für jeden attraktiv sein. Kennen Sie noch das Zitat „Everybody's Darling is everybody's Depp" von Franz Josef Strauß? Dieses Zitat passt auch auf Instagram.

In Deutschland wird Instagram von Unternehmen noch stark unterschätzt und ist deshalb unterrepräsentiert. Dennoch stehen Sie in Wettbewerb um die Aufmerksamkeit potenzieller Follower. Je kleiner Ihre Zielgruppe auf Instagram ist, desto zielgruppengerechtere Inhalte können Sie veröffentlichen.

Durch eine klar definierte Zielgruppe lernen Sie nach und nach die spezifische Customer Journey kennen. Mit der Zeit gestalten Sie dann Inhalte, die das Bedürfnis nach Ihren Produkten wecken und damit weit über das eigentliche Verkaufen hinausgehen.

Die von mir entwickelte Sanduhr-Strategie wird Ihnen helfen, Ihre Zielgruppe auf Instagram in wenigen Wochen zu finden. Das Prinzip dieser Strategie basiert auf der Art und Weise, wie wir Menschen denken. Viele Strategien sind darauf ausgelegt, dass im Vorfeld viele Annahmen getroffen werden müssen – doch so funktioniert unser Kopf nicht. Wenn Sie einen Ball fangen wollen, dann denken Sie vorher nicht lange darüber nach – Sie rennen los und passen Ihren

Kurs während des Rennens an. Genauso funktioniert die Sanduhr-Strategie.

Die Sanduhr-Strategie hat noch einen weiteren Vorteil: Sie hilft Ihnen, die Zielgruppe zu finden, die Sie am einfachsten überzeugen können.

Ihre Zielgruppe finden mit der Sanduhr-Strategie

Phase 1: Inhalte breit streuen

Phase 2: Auf eine Zielgruppe fokussieren

Phase 3: Mit der Zeit übergreifender Experte werden

Die Auswahl Ihrer Zielgruppe ist kein Bauchgefühl, sondern eine Wahl nach klaren empirischen Werten.

Die Idee der Sanduhr-Strategie kam mir während einer Netzwerkveranstaltung in Berlin, auf der ich zum Thema „Instagram-Marketing für Selbstständige und Unternehmer" referierte. Wie schon des Öfteren bei solchen Vorträgen, fragte mich einer der Teilnehmer, wie er seine Zielgruppe auf Instagram finden kann.

Im konkreten Fall ging es um René, einen Coach für mehr Selbstbewusstsein. Er hatte jahrelange Erfahrung in der Kaltakquise hinter sich. Daher erschien es mir logisch, dass René Menschen zu mehr Selbstvertrauen befähigt – die Geschichte war in diesem Fall rund.

Doch für wen sollte er seinen Instagram-Kanal optimieren? Es gab einige Ideen:

- Jugendliche, die Vorträge vor der Klasse halten müssen, oder deren Eltern.

- Studenten, die in der Uni Vorträge und Prüfungen absolvieren müssen.

- Junge Arbeitnehmer, die in Jobinterviews ihr Gehalt verhandeln.

- Angestellte, die eine faire Bezahlung einfordern möchten.

- Vorgesetze, die sich durchsetzen müssen.

Es war klar, dass die Thematik seines Kanals auf viele Menschen passen würde: Doch welche Zielgruppe ist am besten für Instagram geeignet?

Dieses Problem sollte René mit der Sanduhr-Strategie lösen. Niemand kann im Voraus sagen, welche Zielgruppe langfristig die Beste ist. Zudem konnten wir vorher nicht mit Sicherheit sagen, bei wem René gut ankommen würde.

Deshalb stieg René in die erste von drei Phasen der Sanduhr-Strategie ein.

Phase 1: Inhalte breit streuen

Die Sanduhr-Strategie akzeptiert zunächst einmal die Unsicherheit: Wir wissen nicht, welche Zielgruppe die Beste ist. Deshalb werden regelmäßig neue Inhalte veröffentlicht, die jeweils eine andere Zielgruppe in den Fokus nehmen. Da sich alles um das Thema „Selbstbewusstsein" dreht, sind die ersten Follower nicht verwirrt und akzeptieren, dass René für viele Gruppen Selbstvertrauen stärkt.

Wenn das Thema „freies Sprechen vor Menschen" ist, kann daraus ein Posting für Schüler, Studenten, Angestellte und Vorgesetzte entstehen.

Jedes Posting verwendet dabei die Tonalität der Zielgruppe. Ein Posting für Schüler muss lockerer geschrieben sein als ein Posting für einen Vorgesetzten.

Sie passen Ihre Inhalte demnach für jede Zielgruppe an und messen die Ergebnisse mit der Zeit:

- Wie viel Likes erhält jeder Post?
- Wie viele Kommentare erhalten die Posts?
- Wie oft wurden Sie angeschrieben?
- Wie viel Abonnenten haben Sie gewonnen?

Insights für genauere Messungen

Sie können Statistiken in Ihrem Posting unter „Insights" abrufen.

Ich empfehle, dass Sie diese Werte in einem Excel-Sheet erfassen. Eine einfache Vorlage dafür finden Sie auf: https://dennistroeger.com/vorlage-interaktionen/.

Mit der Vorlage können Sie die Interaktionsrate ausrechnen und genau verfolgen, bei welcher Zielgruppe Ihre Inhalte gut ankommen.

Dieser erste Schritt benötigt ein paar Wochen, abhängig davon, wie schnell Sie valide Daten erkennen können. Im Fall von René zeigte sich nach einiger Zeit, dass das Thema „Selbstbewusstsein bei Gehaltserhöhungen" am besten ankommt.

Sobald Sie die Zielgruppe mit der höchsten Interaktionsrate gefunden haben, beginnt die nächste Phase.

Phase 2: Auf eine Zielgruppe fokussieren

Sie haben jetzt Ihre Zielgruppe gefunden und wissen, bei wem Sie gut ankommen. Im Fall von René sind das Angestellte mit dem Wunsch nach einem höheren Einkommen.

Sobald Sie diese Zielgruppe gefunden haben, haben Sie automatisch den Zweck Ihres Kanals gefunden: Renés Kanal hat den Zweck, Angestellten ein höheres Einkommen durch geschickte Verhandlung zu ermöglichen.

Der anspruchsvolle Teil der zweiten Phase ist, dass Sie Ihre Spezialisierung für sechs bis zwölf Monate durchhalten. In dieser Zeit werden Ihnen oft Zweifel kommen, ob das die richtige Zielgruppe ist und ob Sie sich nicht lieber breiter aufstellen sollten.

Durch Ihre enge Spezialisierung werden Sie in den nächsten zwölf Monaten bei Ihren Followern Bekanntheit erlangen und einen unumstößlichen Expertenstatus erreichen.

Phase 3: Mit der Zeit übergreifender Experte werden

Nachdem Sie Expertenstatus in Ihrer Branche erlangt haben, wird es Zeit, sich wieder breiter aufzustellen. René könnte an diesem Punkt mit Partnern zusammenarbeiten und Kurse speziell für Schüler und deren Eltern anbieten, um deren Selbstvertrauen zu stärken.

Der Schwung aus Phase 2 hilft Ihnen jetzt, über die Spezialisierung hinaus Follower zu gewinnen. Die hohe Interaktion auf Ihrem Account wird dazu führen, dass Sie von Ihren

Followern an die neue Zielgruppe weiterempfohlen werden. Sie steigern damit Ihre Bekanntheit noch weiter und können für die neu dazugekommenen Zielgruppen spezielle Produkte und Angebote entwickeln.

Zeigen Sie Ihre Persönlichkeit

Fast jedes Produkt und jede Dienstleistung ist heute ersetzbar. Ihre Kunden können bei Ihnen kaufen oder bei jemand anderem. Instagram hilft Ihnen dabei, die Loyalität Ihrer Kunden zu erhöhen. Damit Ihnen das gelingt, müssen Sie eine persönliche Note in Ihren Kanal einfließen lassen. Das heißt nicht, dass Sie als Unternehmer oder Selbstständiger andauernd Ihr Essen posten müssen. Es geht vielmehr darum, dass Sie die Kultur Ihres Unternehmens oder Ihre Einstellungen und Meinungen als Privatperson zeigen. Ist Ihr Unternehmen frech und wild, dann sollte Ihr Instagram-Kanal genau das zeigen. Es ist langweilig, keine Ecken und Kanten zu haben. Viele Unternehmer zeigen sich besorgt, ihre Markenpersönlichkeit zu entwickeln oder zu zeigen. Oft herrscht die Meinung, dass damit einzelne Kunden verprellt werden könnten. Das Gegenteil ist der Fall: Wenn Sie von jedem gemocht werden wollen, gehen Sie in der Bilderflut von Instagram unter.

Es gibt Branchen, die von einem seriösen Auftritt leben, wie z. B. Steuerberater und Anwälte. Verhalten Sie sich auf Instagram wie mit Ihrem Lieblingskunden, aber nicht wie mit Ihren besten Freunden. Der Internetrechtsanwalt Dr. Thomas Schwenke schafft diesen Spagat sehr gut. Er garniert seine Tipps für Datenschutz und Internetrecht mit lustigen Episoden aus seinem Leben. Damit wirkt er menschlicher und nahbarer. Das sorgt dafür, dass er im Gedächtnis bleibt und ist ein Grund, wieso ich ihn so oft empfehle – guter Content und eigene Persönlichkeit.

Treten Sie authentisch auf

Für Selbstständige gilt das ganz besonders: Seien Sie Sie selbst. Alles andere wird mit der Zeit anstrengend und Ihre Follower werden das spüren.

Geben Sie Ihrem Unternehmen ein Gesicht, indem Sie Ihre Mitarbeiter auf Bildern zeigen. Dies wirkt sich positiv auf Ihr Profil aus. Die Mitarbeiter können Tipps geben, ihre liebsten Bücher vorstellen oder von Schwierigkeiten im Projekt erzählen. Dadurch kann der Nutzer Erkenntnisse für sich selbst gewinnen und gleichzeitig wird Ihr Unternehmen für Ihre Follower authentisch und nahbar. So hinterlassen Sie einen bleibenden Eindruck.

Zeigen Sie vor allem Ihre Begeisterung für die Sache. Nichts ist ansteckender als ein Mensch, der von seiner Arbeit begeistert und vollständig erfüllt ist. Ich kenne einen Steuerberater, meinen eigenen, der hat eine Leidenschaft für seine Berufung. Wenn Sie eine solche Leidenschaft haben, dann lassen Sie Ihre Follower diese spüren.

Ihr perfektes Instagram-Profil

Das Instagram-Profil ist Ihre digitale Visitenkarte. Es sollte dem potenziellen Follower und Kunden sagen, was er bei Ihnen zu erwarten hat. Bestehende und potenzielle Follower können sich so ein klares Bild von Ihrem Unternehmen und

Ihren Produkten machen. Genau darin liegt die Schwäche der meisten Instagram-Profile: Sie geben dem Nutzer kein Argument, warum er folgen sollte. Hier sehen Sie mein Profil (auch Bio genannt):

Jeder Besucher Ihres Profils stellt sich eine einzige Frage: Was bekomme ich hier? Wenn Sie es nicht schaffen, die Frage befriedigend zu beantworten, ist der Nutzer weg. Für einen ersten Eindruck gibt Ihnen der Nutzer drei bis fünf Sekunden.

Deshalb zeige ich Ihnen die besten Tipps, wie Sie einen guten ersten Eindruck schaffen und dafür sorgen, dass Ihr Profil gefunden wird.

 Grundsätzlich gilt: Ihr Profil sollte Ihre Persönlichkeit und den Zweck Ihres Profils widerspiegeln.

Ihr Name

Der Name in Ihrem Profil ist das, was andere Nutzer in Chats zu sehen bekommen und ein erster Indikator, was Sie bieten. Gleichzeitig gehört es zu den wenigen Feldern, die von Instagrams Suchalgorithmus beachtet werden. Ihr Name sollte den Namen Ihres Unternehmens und bei lokalen Geschäften den Ort enthalten. Denken Sie darüber nach, wonach Ihr Kunde suchen würde und nutzen Sie dann entsprechende Begriffe in Ihrem Namen. Sie haben nur 30 Zeichen zur Verfügung – nehmen Sie sich etwas Zeit, um Suchbegriffe und den Zweck Ihres Kanals sinnvoll unterzubringen.

Ihr Benutzername

Der Benutzername ist einmalig und bildet den Link zu Ihrem Instagram-Konto. Wie bei Domains, ist es vorteilhaft, wenn Sie bestimmte Begrifflichkeiten möglichst für sich beanspruchen. Er sollte eindeutig und möglichst kurz sein. Für einen Friseursalon wäre Friseur_Mainz eine gute Idee. Dadurch wird die Auffindbarkeit in der Suche gewährleistet und es wird sofort klar, was sich hinter dem Link befindet.

Sind Sie auch in anderen sozialen Netzwerken vertreten, sollten Sie einen identischen Benutzernamen wählen, damit durch den konsistenten Auftritt die Wiedererkennung gewährleistet ist.

Ihr Profilbild

Wenn Sie selbstständig sind, nehmen Sie ein Foto von sich selbst. Es sollte möglichst so aufgenommen sein, dass Sie auch im kleinen Vorschaubild von Instagram gut zu erkennen sind. Achten Sie bei der Wahl des Profilbildes auf gute Qualität. Wechseln Sie das Profilbild nicht so oft, denn es schafft Vertrauen. Ich selbst schaue oft nicht nach den Namen, sondern nach den Profilbildern in meinen Direktnachrichten.

Für Unternehmen ist das Firmenlogo als Profilbild zu nutzen. Diese klare Positionierung als Unternehmen kostet Sie zunächst ein paar Sympathiepunkte. Der Nutzer wird befürchten, dass Sie ihm nur etwas verkaufen wollen, womit er bei den meisten Unternehmen recht hat. Deshalb ist es wichtig, dass Ihr Profiltext und Ihr Name klare Auskunft darüber geben, was der Nutzer bei Ihrem Profil erwarten kann. Geben Sie durch Ihr Profilbild dem Follower das Gefühl, dass er es mit Menschen zu tun hat. Denn jedes Unternehmen ist nur die Summe der Menschen, die dort arbeiten.

Der Profil-Link

Instagram erlaubt es, für Profile unter 10.000 Followern nur an zwei Stellen aktiv Links zu präsentieren: In der Beschreibung von IGTV-Videos und im Profil-Link (Sie werden öfter auf den Begriff „Link in Bio" stoßen). Profile mit über 10.000 Followern können auch in den Stories Links einbauen.

Der Link in Ihrem Profil sollte einen spezifischen Zweck verfolgen. Damit ist gemeint, dass Sie nicht einfach auf Ihre Homepage verweisen sollten. Verlinken Sie auf eine spezielle Gruppe und erwähnen Sie den Link in Posts und Stories.

Ich nutze den Link als Handlungsaufforderung (Call-to-Action; CTA) für die Besucher.

Unternehmen rate ich, an dieser Stelle nicht mit der Tür ins Haus zu fallen und ein Angebot zu platzieren. Die meisten Besucher Ihres Profils sind Menschen, die Sie nicht kennen. Sie würden potenzielle Follower damit eher abschrecken.

Bieten Sie z. B. ein Whitepaper oder einen Leitfaden an, der Ihrer Zielgruppe einen sofortigen Mehrwert bietet.

Impressum und Datenschutz

Zum Thema Impressum und Datenschutz gibt es auf Instagram keine Rechtsprechung. Rechtsanwalt Dr. Thomas Schwenke empfiehlt sprechende Links, wie z. B.   https://dennistroeger.com/downloads_pod cast_impressum_datenschutz_facebookgruppe_ und_mehr/.

Diese geben durch ihren Namen bereits an, was sich dahinter verbirgt. Dabei sollte darauf geachtet werden, dass das Wort „Impressum" sichtbar ist, da Links im Profil gekürzt dargestellt werden.

Sollten Sie mehr als einen Link für Ihre Besucher anbieten wollen, können Sie Anbieter, wie Linktr.ee, verwenden, die es Ihnen erlauben, kleine Webseiten nur mit einigen Buttons zu erstellen. Jeder Button kann zu einer Unterseite weiterführen. Der Vorteil ist, dass Sie Ihren Nutzern mehrere CTAs anbieten können.

Ihre Highlights

Die Highlights sind archivierte Stories und erhöhen die Lebenszeit einer Story. Sie können auf die häufigsten Fragen oder auf Ihre Dienstleistungen eingehen. Sie haben die Möglichkeit, jede beliebige Story zu einem Highlight hinzuzufügen. Die ursprüngliche Reihenfolge der Stories bleibt dabei aber chronologisch.

So finden Sie die passenden Hashtags für Ihr Business

Die richtigen Hashtags ermöglichen es neuen Nutzern, Ihren Content zu finden. Die Verwendung von mehreren Hashtags erhöht Ihre Reichweite gleichermaßen.

Der neue Algorithmus von Instagram nutzt Hashtags, um Ihre Inhalte in der Instagram-Hashtag-Suche, dem Instagram-Explorer-Tab und im Instagram-Feed (wenn Sie Hashtags abonnieren) zu zeigen.

 Entscheidend bleibt: Die besten Hashtags sind irrelevant, wenn Sie keinen guten Content liefern. Achten Sie deshalb immer zuerst auf die Qualität Ihres Contents.

Sobald Sie auf Instagram aktiv sind, tragen Sie etwas zum Markenbild in den Köpfen Ihrer Follower bei. Planen Sie jetzt schon, welche eigenen Hashtags Sie mit der Welt teilen möchten.

Welche Hashtag-Typen gibt es?

Von außen betrachtet sehen alle Hashtags ähnlich aus. Jeder wird mit einer # markiert. Sobald Sie sich näher mit Hashtags auseinandersetzen, werden Sie merken, dass es große Unterschiede zwischen den Hashtags gibt.

Instagram empfiehlt, zehn Hashtags pro Post zu verwenden. Mischen Sie dabei verschiedene Hashtag-Gattungen. Nutzen Sie z. B. zwei örtliche Hashtags, zwei eigene Hashtags (die Sie selbst bestimmen), zwei generische Hashtags (> eine Million Nennungen) und vier Nischen-Hashtags (< Zehntausend Nennungen).

Nachfolgend finden Sie die häufigsten Gattungen von Hashtags und deren Nutzen:

Generische Hashtags: Produkte / Branchen / Dienstleistungen und andere allgemeine Hashtags

Die erste Gattung von Hashtags sind generische Hashtags. Sie beschreiben Bilder ganz allgemein.

> *#journalist, #Fotograf, #tanzen, #sänger, #schuhe, #kleidung, #tisch, #motivation*

Diese Hashtags werden millionenfach genutzt. Das macht sie auf den ersten Blick sehr attraktiv. Ausschließlich mit allgemeinen Hashtags zu arbeiten bedeutet, dass Sie sich in Konkurrenz zu unzählig vielen anderen Menschen begeben.

Da diesen Hashtags aber so viele Menschen folgen, sollten sie vereinzelt von Ihnen genutzt werden. Denn es erhöht die Chance, dass Sie irgendwann in einer Hashtag-Kategorie markiert werden und ganz vorne erscheinen. Es kann sich also lohnen, wenn diese Hashtags bei Ihnen Verwendung finden.

Generische Hashtags helfen Ihnen, ein Grundrauschen auf Ihr Profil zu lenken. Echte Follower sollten Sie davon aber nicht erwarten.

Überlegen Sie, welche generischen Hashtags Ihre Follower interessieren könnten. In meinem Fall sind das #Selbstständig, #Unternehmer und #Inspiration. Diese allgemeinen Hashtags zeigen, dass meine Arbeit den Selbstständigen und Unternehmern gewidmet ist. Suchen Sie bei erfolgreichen Instagram-Kanälen mit hoher Interaktion nach Inspiration.

Achten Sie bei Hashtags immer darauf, dass Sie sie in der Sprache Ihrer Zielgruppe suchen. Es bringt Ihnen nichts, #selfemployed statt #selbstständig zu verwenden. Nutzen Sie Hashtags in deutscher Sprache und bleiben Sie so fokussiert auf Ihre Zielgruppe, wenn diese in Deutschland ansässig ist.

Nischen-Hashtags

Nischen-Hashtags sind viel spezieller als die allgemeinen Hashtags. Es macht natürlich einen großen Unterschied, ob Sie den Hashtag #Tanzen oder #Zumba oder #Tango verwenden. Indem Sie das tun, werden Sie Menschen anlocken, die wirklich an Zumba oder Tango interessiert sind.

Je spezifischer Sie mit Ihren Hashtag sind, desto klarer können Sie Ihre Zielgruppe ansprechen. Der Vorteil ist, dass Sie eine größere Chance haben, bei diesen Hashtags weiter oben gelistet zu werden.

Suchen Sie nach einem Nischen-Hashtag für Ihre Zielgruppe. Welche „Top 9-Bilder" (die ersten 3x3) sehen Sie dort? Nischen-Hashtags sollten über 1.000 bis 50.000 Postings verfügen. Damit haben Sie eine gute Chance, ganz oben angezeigt zu werden und direkt in die Aufmerksamkeit Ihrer Zielgruppe zu gelangen.

Community-Hashtags

Mit Community-Hashtags können Sie Ihre Verbindung zu bestimmten Gruppen deutlich machen. Dadurch haben Sie von vornherein eine engere Verbindung zu den Followern.

Falls Sie Vegetarier sind, könnten Sie den Hashtag #Vegetarier verwenden. Bei einem richtigen Fleischesser werden Sie Sympathie verlieren, dafür werden Sie andere Vegetarier wegen der Gemeinsamkeit mehr mögen.

Wenn Sie sich zu einer bestimmten Gruppe (#Entrepreneur) verbunden fühlen – zeigen Sie es! Durch Community-Hashtags bekennen Sie Farbe. Je emotionaler ein solcher Community-Hashtag ist, desto leichter werden Sie Follower gewinnen.

Mit diesen Hashtags ziehen Sie Menschen an, welche die gleichen Einstellungen haben. Community-Hashtags sind eine tolle Möglichkeit, echte und spannende Verbindungen auf Instagram herzustellen.

Örtliche Hashtags

Wie der Name schon sagt: Hierbei geht es um Orte. Sie können damit Ihre Liebe zu einer Stadt oder einem Ort ausdrücken oder einfach beschreiben, wo das Foto aufgenommen wurde.

Gerade für lokale Geschäfte sind örtliche Hashtags wichtig, um Kunden aus der Umgebung zu gewinnen.

> *#Mainz, #Frankfurt, #Berlin, #Rhein, #München*

Sie können Ihre Hashtags auf die Orte begrenzen, in denen Sie Ihre Produkte verkaufen. Länder, Bundesländer und Kontinente sind ebenfalls möglich. Je größer ein Hashtag ist, desto größer ist die Konkurrenz und desto weniger fallen Sie auf (#Erde).

Sie können örtliche Hashtags mit Ihrer Profession verknüpfen: z. B. #germanblogger. Auch hier gilt: Sehen Sie sich um, wie die Community die Hashtags verwendet. Wenn Sie Hashtags nutzen, die niemand kennt, wird Sie am Ende niemand finden.

Marken (Brand)-Hashtags

Das sind Hashtags, die von Marken und Unternehmen bereits genutzt werden. Wenn Sie aus einem Marken-Pullover ein T-Shirt im „Do-it-yourself"-Stil kreieren, sollten Sie den Markennamen als Hashtag zusätzlich nutzen.

Vielleicht machen Sie aber „Unboxing-Videos" Ihres #Smartphones #Hersteller und verwenden deswegen diese Hashtags – Unboxing ist.das Auspacken von Paketen (auch dafür gibt es Zuschauer).

Fast jedes Live-Event von Unternehmen hat heute seinen eigenen Hashtag. Nutzen Sie diese, wenn Sie auf einem Event sind, um Aufmerksamkeit für Ihre Sache zu erzeugen.

Eigenen Hashtag kreieren

Sie können – und sollten – damit beginnen, Ihre eigenen Hashtags zu nutzen. Dafür bietet sich zum einen Ihr Name oder ein eventueller Spitzname an. Einer meiner Hashtags ist #GebenGebenGeben, da dieses Credo ein wichtiger Bestandteil meiner Strategie ist.

Die eigenen Hashtags können Sie später durch die Community aufgreifen und teilen lassen. Je klarer Ihnen ein Hashtag zugeordnet werden kann, desto mehr macht er Werbung für Sie. Wenn andere Menschen Ihre Hashtags nutzen, wird der Instagram-Algorithmus Sie als relevanter für diese Zielgruppe bewerten. Einen eigenen Hashtag zu etablieren braucht Zeit, bietet aber gutes Potenzial für Ihre persönliche Marke.

Auf den Punkt gebracht

Für einen interaktionsstarken Instagram-Kanal ist es wichtig, dass Ihr Kanal einem klaren Zweck dient. Der Zweck ergibt sich aus der Zielgruppe, die Sie ansprechen. Ihre Zielgruppe können Sie mit der Sanduhr-Strategie herausfinden.

Diese Strategie lässt Sie breit anfangen und Inhalte für jede mögliche Zielgruppe erstellen. Sie messen in dieser Zeit die Interaktionen mit Ihren Beiträgen. Im Anschluss daran legen Sie sich auf die Zielgruppe fest, die am besten auf Sie bzw. Ihre Inhalte reagiert. Ihr Kanal hat von nun an den Zweck, dieser Zielgruppe den größtmöglichen Mehrwert zu bieten. In der Zukunft können Sie entscheiden, ob Sie jetzt wieder in die Breite gehen möchten und beenden damit die Sanduhr-Strategie.

Sobald Sie die Zielgruppe Ihres Kanals definiert haben, passen Sie Ihren Kanal an diese Zielgruppe an. Dafür betrachten Sie Ihren Kanal aus Sicht des Followers.

Durch die Sanduhr-Strategie können Sie geeignete Hashtags für Ihre Kanal-Inhalte finden. Werfen Sie dafür einen Blick auf Ihre Mitbewerber. Die verwendeten Hashtags sollten eine Mischung aus den verschiedenen Hashtag-Gattungen darstellen.

Ihr kompletter Kanal muss Ihrer Zielgruppe bewusst machen, dass Sie der Richtige für Ihre Follower sind.

So erstellen Sie Inhalte, die Ihre Follower lieben

Soziale Netzwerke leben von den Inhalten, welche die Nutzer bereitstellen. Was gute Inhalte sind, entscheiden der Nutzer und der Instagram-Algorithmus. Oft erlebe ich, dass Inhalte aus Sicht des Erstellers betrachtet werden und dabei die Nutzer-Seite vernachlässigt wird. Genau das führt dann zu toten Kanälen, die niemanden interessieren – und das hat seinen Grund:

Der Instagram-Algorithmus hat ein Interesse daran, dass die Verweildauer der Nutzer möglichst lang ist. Denn jede Sekunde mehr auf der Plattform bedeutet für Instagram die Möglichkeit, Werbung auszuspielen. Wenn ich von Inhalten, also Content, spreche, müssen immer zwei Seiten betrachtet werden: Der Instagram-Algorithmus und der Nutzer.

In diesem Kapitel zeige ich Ihnen die wichtigsten Prinzipien für guten Content.

Sprechen Sie über das, worüber Ihre Follower sprechen

Sobald Sie Ihre Zielgruppe auf Instagram identifiziert haben, geht es an die Erstellung des geeigneten Contents. Guter Content überschneidet sich stark mit der Realität der Zielgruppe. Ihre Follower haben klare Interessen und Probleme. Ihre Inhalte sollten sich mit den Themen beschäftigen, welche die größte Aufmerksamkeit zu einem bestimmten Zeitpunkt genießen. Anhand der Customer Journey habe ich Ihnen bereits gezeigt, dass sich jeder Kunde an einem anderen Punkt der Kaufentscheidung befindet.

Manchmal müssen Sie für guten Content etwas um die Ecke denken. Was der Kunde möchte, ist eine bestimmte Emotion. Sie möchten nicht lernen, Instagram zu benutzen. Sie und ich sind auf Instagram, um mehr Menschen zu erreichen und für eigene Produkte und Dienstleistungen zu begeistern. Behalten Sie dabei die folgenden Fragen im Hinterkopf:

• Was ist aktuell die Herausforderung Ihrer Follower?

• Was möchten Ihre Follower wirklich?

• Wo liegt die Aufmerksamkeit Ihrer Follower?

Helfen Sie mit Ihrem Post

Ein Post sollte Ihrer Zielgruppe direkten Mehrwert bieten. Je besser Sie die Lebensrealität und Gedanken Ihrer Follower kennenlernen, desto besseren Content können Sie erstellen.

> *Beispiele für hilfreichen Content*
>
> • *Ein Architekt könnte in seinem Posting schreiben, woran Pfusch am Bau für Laien zu erkennen ist und wie diese dagegen vorgehen können.*
>
> • *Ein Hersteller von Kaffeemaschinen informiert darüber, wie guter Kaffee entsteht, und was man bei der Zubereitung zu Hause beachten sollte.*
>
> • *Ein Steuerberater gibt Tipps zur Steuererklärung.*

Provozieren Sie mit Ihren Inhalten

Instagram liebt Content, mit dem interagiert wird. Je mehr Menschen Ihren Post liken und kommentieren, desto besser. Die besten Inhalte sind diejenigen, über die miteinander diskutiert wird.

Zu jedem Zeitpunkt prüfen „Programme" in unseren Köpfen die Umgebung auf Gefahren. Diese Programme sind auch dann aktiv, wenn der Nutzer durch seinen Instagram-Feed scrollt. Automatisch sucht das Gehirn nach Inhalten, die das eigene Weltbild gefährden oder bestärken oder nicht „alltäglich" sind. Ein Ziel Ihres Postings sollte daher die Provokation sein.

Posten Sie etwas, wodurch das Weltbild und die Werte des Nutzers bestätigt werden bzw. ihnen widerspricht.

Etwas Ungewöhnliches zu posten, ist eine weitere Möglichkeit, um auf sich aufmerksam zu machen. Dabei hängt es stark von Ihrer Branche ab, was als ungewöhnlich erachtet wird.

Nur wenn Sie die Weltanschauung Ihrer Follower kennen, können Sie sie ins Wanken bringen. Begeben Sie sich in die Köpfe Ihrer Zielgruppe: Was wird als „normal" betrachtet?

Sobald Sie die Weltanschauung Ihrer Zielgruppe verstanden haben, können Sie diese umdrehen oder infrage stellen:

• Stellen Sie das Weltbild auf den Kopf.

• Vertreten Sie eine polarisierende Meinung.

• Gehen Sie mit extremen Wahrheiten und Transparenz voraus.

• Stellen Sie die existierende Ordnung infrage.

Ein direkter Weg zur Provokation ist das Infragestellen von Überzeugungen, die normalerweise niemand infrage stellt. Eines meiner interaktionsstärksten Postings war Folgendes:

Sie kennen das vielleicht: Durch eine Werbeanzeige bekommen Sie ein E-Book oder ein Video angeboten. Sobald Sie auf die Werbeanzeige klicken, gelangen Sie auf eine Landingpage. Diese Landingpage hat das Ziel, Sie zur Eingabe Ihrer E-Mail-Adresse zu bewegen. Erst dann erhalten Sie das sogenannte Freebie – ein kostenloses Produkt. Für dieses zahlen Sie mit Ihren Daten und erhalten von da an E-Mails durch den Betreiber, der Ihnen früher oder später etwas verkaufen möchte. Im digitalen Marketing ist das Sammeln von Kontaktdaten (Leads) eines der höchsten Prinzipien. Also stellte ich es infrage.

> Guter Content erlaubt es möglichst jedem, eine Meinung zu haben.

Zu meinem Posting konnte jeder eine Meinung haben, wodurch die Kommentare explodierten und das Posting eine Interaktionsrate von 14 Prozent bekam. Es bildeten sich zwei Lager: Eine Seite vertrat die Meinung, dass das Sammeln von E-Mail-Adressen wichtig sei. Die andere Seite stimmte mir zu, dass diese plumpe Methode ausgedient habe. Die beiden Lager diskutierten eifrig unter meinem Posting – ein Volltreffer!

Ihr Ziel muss es sein, das Weltbild Ihrer Follower ein wenig aufzurütteln. Selbst wenn der Follower nicht interagiert: Geben Sie den Impuls, damit Sie in den Gedanken Ihrer Follower präsent sind.

 Sorgen Sie dafür, dass Ihre Follower über Sie nachdenken!

Indem Ihr Content provoziert, erzielen Sie nicht nur hohe Interaktionen und damit einen Bonus bei Instagram. Sie nutzen zudem einen psychologischen Effekt aus: Wenn wir lange genug über etwas nachdenken, halten wir es für wichtig. Sobald Sie Ihre Follower davon überzeugen, über Sie und Ihre Inhalte nachzudenken, werden sie überzeugt werden, dass das Thema wichtig ist.

Wie viel sollten Sie von sich preisgeben?

Jeder Mensch hat ein mehr oder weniger stark ausgeprägtes Voyeur-Gen. Das zeigen Fernsehshows, wie *Big Brother*, und Formate, wie *Explosiv* und *Exklusiv*. Es gefällt den Nutzern daher, wenn Sie persönliche Dinge erzählen. „Persönlich" heißt in diesem Fall, dass Sie einen Teil Ihrer Lebensrealität preisgeben. Als ich den Buchvertrag in den Händen hielt, ließ ich mich damit fotografieren. Die Reaktionen meiner Follower waren überwältigend, weil ich mich mit meiner Freude nahbarer gemacht habe.

Als Unternehmen haben Sie die Möglichkeit, den Alltag in Ihrem Unternehmen zu dokumentieren:

- Welche Fragen beschäftigen Ihre Kunden?
- Welche Antworten haben Sie für Ihre Kunden gefunden?
- Was ist Ihre Meinung zu Geschehnissen, die Ihre Follower betreffen?
- Was sind die häufigsten Fragen zu Ihrem Produkt?
- Wo sind aktuell Ihre Herausforderungen? Teilen Sie etwas aus Ihrer Gedankenwelt.
- Was können die Follower die nächsten Monate erwarten? Schreiben Sie über Ideen und Strategien.

> *Wenn Sie mal nicht wissen, was Sie posten sollen.*
>
> Nehmen Sie sich ein paar Minuten Zeit und reflektieren Sie Ihren Tag. Sie hatten bestimmt eine Herausforderung zu meistern. Berichten Sie darüber und erklären Sie, wie Sie diese bewältigt haben.

Einen guten Post auf Instagram gestalten

Um einen Post zu gestalten, können Sie sich Hilfsmitteln, wie PowerPoint, Keynote oder Adobe Spark, bedienen. Diese Werkzeuge erlauben es, dass Sie Postings erstellen können. Außerdem besteht die Möglichkeit, Ihre Postings schöner zu gestalten, indem Sie Text über Bilder legen und Rahmen einfügen.

Arten von Postings

Es gibt verschiedene Arten von Postings. Im Folgenden sind die häufigsten aufgelistet:

Postings mit Bild, ohne Text

In diesem Post sehen Sie mich, wie ich den unterschriebenen Buchvertrag in die Kamera halte. Es ist ein persönlicher Post, in dem ich meine Freude über den Buchvertrag zum Ausdruck bringe. Ob Sie sich dabei für professionelle Fotos oder einen Schnappschuss entscheiden, bleibt Ihnen überlassen.

 Postings sollten persönlich, jedoch nicht privat sein.

Es gibt minimale Qualitätskriterien, die Ihre Bilder einhalten müssen:

- Das Bild benötigt ein klares Motiv.
- Es darf an den Seiten nicht überhängen.
- Die Auflösung muss ausreichend hoch sein – keine verschwommenen Bilder.
- Das Motiv sollte gut ausgeleuchtet sein.

Was Sie posten, hängt davon ab, was Sie damit sagen wollen. Wenn hinter dem Posting eine Aussage steckt, die den Zweck Ihres Kanals unterstreicht: Posten Sie es!

Postings mit Bild, mit Text

Für diesen Post habe ich mich mit meinem Smartphone fotografieren lassen und dann einen Text über mein Gesicht gelegt. Die Bearbeitung erfolgte über Keynote.

Das Bild habe ich inzwischen mehr als einmal verwendet. Durch die „Text über Bild"-Methode können Sie schöne Fotos mehrmals verwenden.

Postings nur mit Text

Postings nur mit Text sind praktisch, wenn Sie Inhalte vorausplanen möchten. Dafür können Sie Software, wie planoly. com, verwenden.

Diese Postings sollten keine Kalendersprüche oder Zitate von bekannten Persönlichkeiten enthalten – davon gibt es schon zu viele auf Instagram.

Keine Kalendersprüche

Es mag den Anschein haben, dass Zitate bekannter Persönlichkeiten auf Instagram ein Erfolgsfaktor sind. Dieser Schein trügt: Diese Zitate-Welle stammt noch aus einer Zeit, in der es noch keinen Instagram-Algorithmus gab. Sollten Sie das Verlangen verspüren, ein Zitat zu posten, dann nehmen Sie ein Zitat von sich selbst oder Ihre wichtigsten Prinzipien. Damit verleihen Sie Ihren Worten Gewicht und stärken nachhaltig Ihre Marke.

Videos

Die vierte Art von Postings sind Videos, welche 60 Sekunden lang sein dürfen. Sie haben in einem Video ca. drei Sekunden, um den Nutzer davon zu überzeugen, Ihr Video anzusehen.

Ein Video sollte daher folgendermaßen aufgebaut sein:

• Beginnen Sie Ihr Video mit einer Frage bzw. sprechen Sie ein Problem Ihrer Zielgruppe direkt an. Je mehr Sie über die Aufmerksamkeit Ihrer Follower wissen, desto leichter wird Ihnen das gelingen.

• Als nächstes beschreiben Sie knapp, wie Sie dieses Problem bewältigt haben.

- Stellen Sie dann kurz die Lösung vor und wie der Nutzer sofort eine Verbesserung seiner Situation herbeiführen kann.
- Schließen Sie das Video mit einer klaren Call-to-Action (Handlungsaufforderung) ab.

So bauen Sie eine minimale Dramaturgie auf. Das klare Problem am Anfang des Videos wirkt ähnlich einem Cliffhanger in Filmen: Der Nutzer soll dazu angespornt werden, das komplette Video anzusehen.

Gute Videos sind Bildern deshalb überlegen, weil sie für eine längere Verweildauer sorgen. Ein Video wird im besten Fall 60 Sekunden betrachtet und dann geliked, gespeichert und kommentiert (insgesamt 70 bis 80 Sekunden Verweildauer). Im Vergleich dazu wird ein Bild drei bis fünf Sekunden angesehen und dann geliked, kommentiert und gespeichert – im besten Fall also 15 Sekunden Verweildauer.

Wenn Sie gute Videos posten, die interessant sind, werden Sie mit mehr Reichweite belohnt.

 Instagram ist ein persönliches Medium – ein formelles „Sie" wirkt dort oft fehl am Platz. Nutzen Sie das „Du"!

So schreiben Sie eine interaktionsstarke Bildunterschrift

Der Text unter Ihrem Posting umfasst bis zu 2.200 Zeichen. Er kann Erwähnungen (@dennis_troeger) und Hashtags

(#dennis_troeger) enthalten. Über eine Erwähnung wird die erwähnte Person von Instagram informiert.

Mit der folgenden Gliederung gelingt es Ihnen, eine interaktionsstarke Bildunterschrift zu gestalten:

1. Der provozierende Einstieg

Ein provozierender Einstieg hat den Zweck, den Nutzer zum Lesen Ihrer Bildunterschrift zu motivieren.

Dabei sind die ersten Zeilen Ihres Textes entscheidend, denn diese werden dem Nutzer noch vor dem Klick auf „mehr" angezeigt. Diese ersten Zeilen sollten den Benutzer bereits auffordern, den Text zu lesen.

Sie können das Klicken auf „mehr" dadurch provozieren, indem Sie mit einer Frage oder direkt mit einer Emotion beginnen. Mein „Whoop, Whoop" signalisiert, dass sich hinter dem Bild eine positive Nachricht verbirgt.

2. Der persönliche Ton

Instagram analysiert Ihre Texte und Bilder nach dem Posten. Ihr Bild wird mit allen Bildern, die jemals zuvor gepostet wurden, verglichen. Anschließend hat Instagram eine Vorstellung davon, ob Ihr Posting erfolgreich sein wird oder nicht. Schildern Sie z. B. eine herausfordernde Situation aus Ihrem persönlichen Umfeld. Achten Sie darauf, dass Ihr Text eine positive Stimmung vermittelt.

3. Die Lösung des Problems oder des Konfliktes

Nun teilen Sie mit, was Sie getan haben, um das Problem zu lösen. Sie könnten in Versuchung kommen zu suggerieren, dass Ihr Produkt und Ihre Dienstleistung immer die beste Lösung seien. Achten Sie deswegen schon bei der Wahl des Konfliktes darauf, dass es sich nicht nur um Ihr Produkt oder Ihre Dienstleistung dreht.

Selbstverständlich wird die Zeit kommen, zu der Sie Ihr Produkt in den Vordergrund stellen. Doch wie im 2. Kapitel beschrieben, geht es darum, dass Sie vorher „Geben. Geben. Geben." – erst dann haben Sie das Recht erworben, zu verkaufen.

4. Die konkrete Handlungsaufforderung

Am Ende des Postings rufen Sie Ihre Leser zu einer Handlung auf. Das kann der Link in Ihrem Profil sein, eine Frage an die Follower oder der direkte Verkauf eines Produktes.

5. Der Einsatz von Hashtags

Im 4. Kapitel habe ich Ihnen gezeigt, wie Sie die richtigen Hashtags für Ihre Nische finden können. Die meisten Instagrammer nutzen Hashtags nach dem eigentlichen Text. Es besteht die Möglichkeit, die Hashtags in den ersten Kommentar zu schreiben. Sobald Ihr Post veröffentlich wurde, sollte das nach spätestens einer Minute erfolgen. Instagram merkt dann, dass Sie selbst kommentiert haben und Hashtags enthalten sind.

> Normale Zeilenumbrüche in Bildunterschriften sind nicht möglich. Wenn Sie einen Zeilenumbruch erzwingen möchten, machen Sie einen Umbruch und füllen Sie die leere Zeile mit einem Punkt aus.

Andere Accounts und Orte markieren

Instagram bietet in Stories und in Feed-Beiträgen die Möglichkeit, andere Accounts und Orte zu markieren. Sie erhalten diese Option im gleichen Schritt, in dem Sie die Bildunterschrift und die Hashtags festlegen.

Sie finden diese Option im letzten Auswahlbildschirm vor der Veröffentlichung:

Diese Ansicht stammt aus der iPhone-App-Version und kann sich leicht von der Android-Variante unterscheiden. Sie können „Personen markieren" oder „Ort hinzufügen". Die Option „Personen markieren" erlaubt das Hinzufügen von bis zu 20 anderen Instagram-Accounts. Nach der Veröffentlichung werden alle Personen informiert, die Sie markiert haben. Diese Markierung hat das Ziel, andere Menschen zur Interaktion zu bewegen.

Durch die Markierung eines Ortes werden Sie relevanter für Menschen in der Nähe und leichter auffindbar in der Suche.

So finden Sie den richtigen Ton

Die Tonalität Ihrer Bildunterschriften, Ihrer Texte auf Bildern sowie Ihrer Videos und Kommentare beeinflusst deren Wirkung. Instagram ist ein emotionales Netzwerk, es lebt von Videos, Bildern und Geschichten. Aus dem Berufsleben sind wir es aber gewohnt, Emotionen möglichst aus dem Geschäftsalltag herauszuhalten.

Fakt ist jedoch: So funktionieren wir Menschen nicht. Es ist belegt, dass all unsere Entscheidungen durch Emotionen geprägt sind.

Das höchste Ziel auf Instagram ist, Ihre Follower zum Handeln zu bewegen. Wenn jede Handlung auf Emotionen basiert, müssen Ihre Inhalte emotional sein.

Emotional bedeutet nicht kitschig und auch nicht zwingend reißerisch. Im Gespräch mit guten Bekannten oder Freunden sprechen Sie vermutlich emotionaler als bei einer Netzwerkveranstaltung.

Einfache Ideen für einen schönen Feed

Sie werden hochwertig gestaltete Accounts finden. Manche verwenden verschiedene Muster (Schachbrett) oder ein System, wie das ABC-Design. Das ABC-Design ist eine Kombination aus sich wiederholenden Inhalten. Das kann z. B. nur Text, Bild und Video sein. Im Profil selbst ergibt sich dann ein homogenes Design.

Ein Beispiel dafür ist Stephan Günther, der ein ABC-Design für seinen Feed umsetzt.

In seinem Fall gibt die Reihenfolge das System vor: Zitat, Foto und ein von ihm angefertigtes Design wechseln sich ab. Auf den ersten Blick kann ich mich von seiner Arbeit überzeugen, erfahre etwas darüber, was er für ein Mensch ist, und bekomme einen persönlichen Einblick.

Ob Sie ein homogenes Design nutzen möchten, hängt von Ihrer Branche ab. Für Branchen mit einem hohen Anspruch an Ästhetik bietet sich ein solches Muster an. Es hat den Nachteil, dass Sie sich daran halten müssen. Das nimmt Ihnen die Flexibilität.

Probieren Sie es einfach aus! Sie werden merken, was Ihnen und Ihren Followern mehr zusagt.

Ein guter Feed verschafft dem Nutzer, zusammen mit Ihrer Profilbeschreibung und Ihrem Namen, einen klaren Eindruck, was er bei Ihnen zu erwarten hat. Denn das ist die Frage, die Ihrem potenziellen Follower durch den Kopf geistert: Was ist für mich drin?

So gestalten Sie eine gute Story auf Instagram

Seit der Einführung von Stories im Jahr 2016 sind diese von den Nutzern sehr gut angenommen worden. Die 15-sekündigen Videos geben Ihnen die Möglichkeit, Ihre Follower etwas näher an sich heranzulassen. Hierbei stellt sich die Frage: Wie sieht eine gute Story aus?

Wie immer gilt: Schaffen Sie Mehrwert!

Der Mehrwert einer Story ist aber nicht nur, dass Sie Fachwissen preisgeben. Es stellt einen Mehrwert dar, wenn Sie über die Hindernisse und Schwierigkeiten in Ihrem Alltag berichten oder über freudige Momente.

Fast jeden Abend auf dem Heimweg lasse ich meinen Tag in einer Story Revue passieren. Für mich hat das etwas Meditatives, gleichzeitig können meine Erkenntnisse meinen Followern helfen.

Eine gute Story ist wie der Spaziergang mit einem guten Bekannten: Plaudern Sie aus dem Nähkästchen, teilen Sie Gedanken und geben Sie wertvolle Tipps. Dazu gehört auch, dass Sie witzige und ungewohnte Situationen festhalten. Lassen Sie Ihrer Persönlichkeit in den Stories freien Lauf. Achten Sie darauf, authentisch zu bleiben.

Die Verwendung von Stickern

Bei Stories gilt: Je mehr die Zuschauer Ihre Beiträge ansehen und damit interagieren, desto relevanter werden Sie von Instagram eingeschätzt.

Sticker sind eine Möglichkeit, Ihre Zuschauer zu einer Interaktion zu bewegen oder durch eine Animation eine Story aufzulockern.

Sticker sind dafür geeignet, in Stories sogenannte Mikro-Interaktionen auszulösen. Mikro-Interaktionen konditionieren Ihre Follower, mit Ihren Inhalten zu interagieren. Zunächst wirkt es befremdlich, Umfragen mit trivialen Fragen zu stellen. Durch diese Konditionierung sorgen Sie aber dafür, dass Ihre Follower auch dann reagieren, wenn es darauf ankommt: Nämlich auf ein Angebot von Ihnen.

Nachfolgend ein Überblick der wichtigsten Sticker:

- **Umfragen**: Mit diesem Sticker können Sie A/B-Umfragen durchführen. Fragen Sie, ob ein Thema interessant war oder was Ihre Follower bevorzugen (*Süddeutsche Zeitung* oder *Frankfurter Allgemeine Zeitung*).

- **Fragen**: Stellen Sie eine offene Frage und die Nutzer können in einem Freitext direkt in der Story antworten (z. B. „Welche Inhalte wünschst Du Dir in Zukunft?").

- **Erwähnungen**: Sie können andere Nutzer aus Ihrem Netzwerk erwähnen. Das stellt eine hohe Form der Wertschätzung dar.

- **Ortsangaben**: Durch eine Ortsangabe wird Ihre Story für Menschen in einer bestimmten Region relevanter angezeigt.

- **Hashtags**: Sie können den Sticker „Hashtag" nutzen oder/und in einem Freitext zehn Hashtags verwenden.

- **Freitexte**: Die Freitexte-Funktion ist eine Möglichkeit, Text über Bilder und Videos zu legen.

- **Swipe Up**: Durch einen Swipe von unten nach oben gelangt der Follower zu einem Link oder einem IGTV-Video. Um externe Links zu hinterlegen, benötigen Sie 10.000 Follower.

Versuchen Sie, die Aussage Ihres Videos in einem Freitext kurz zusammenzufassen. Wenn Ihre Stories ohne Ton funktionieren, erreichen Sie auch diejenigen, die gerade keinen Ton anhaben können oder möchten.

Eine einfache Dramaturgie für Ihre Story

In Stories haben Sie nur wenige Sekunden, um die Nutzer von Ihren Inhalten zu überzeugen. Deshalb können Sie die folgenden Dramaturgien nutzen, um Ihre Stories fesselnder zu gestalten.

Dramaturgie für eine Info-Story:

- Beginnen Sie mit einer Frage oder einem Problem. Es gilt, einen Cliffhanger aufzubauen und damit den Zuschauer zu binden – Menschen ertragen es nur schwer, etwas nicht zu wissen.

- Sprechen Sie über mögliche Lösungwege.

- Geben Sie Ihren Followern dazu ein Werkzeug an die Hand. Im Anschluss können Sie auf einen Post in Ihrem Feed verweisen. So erhöhen Sie die Interaktionsraten und verknüpfen Instagram-Feed und Stories.

Dramaturgie für eine persönliche Story:

- Beschreiben Sie eine Herausforderung oder einen emotionalen Höhepunkt aus Ihrem Tag und zu welcher Erkenntnis dieser geführt hat.

- Erzählen Sie, was Sie aufgrund dieser Erkenntnis in Zukunft anders machen werden.

- Schließen Sie die Story mit einem Umfrage-Sticker ab (z. B. „Ist Dir das auch schon mal passiert?").

Diese schlichten Dramaturgien helfen Ihnen, Ihre ersten Stories zu erstellen. IGTV-Videos verhalten sich grundlegend wie die 60 Sekunden langen Videos: Nutzen Sie deswegen eine vergleichbare Dramaturgie.

Weitere Tipps für gute Inhalte

Nutzen Sie die nachfolgenden Punkte als Inspiration, um Ihrer Community guten Inhalt zu liefern.

Wie häufig sollten Sie posten?

Versuchen Sie, einen Post auf Instagram pro Tag abzusetzen und mindestens sieben Stories (á 15 Sekunden) zu erstellen. Wichtig ist, dass Sie regelmäßig posten und aktiv sind, um das Wachstum voranzutreiben. Häufiges Posten wird mit einer besseren Sichtbarkeit belohnt, unregelmäßiges Posten und Inaktivität werden hingegen „bestraft". Wer häufiger postet, wird von Instagram bevorzugt – sofern es guter Content ist. Denn ein regelmäßiger Beitrag zum Netzwerk zeigt, dass Sie es ernst meinen.

Erstellen Sie Popcorn – Kein Sieben-Gänge-Menü

Auf den ersten Blick wirken die Inhalte auf Instagram oberflächlich. Instagram ist ein kurzweiliges Medium. Kaum jemand öffnet Instagram, um sich mit zu komplexen Sachverhalten auseinanderzusetzen. Content auf Instagram muss mehr wie Popcorn sein: Schnell zu konsumieren und etwas für unterwegs.

Sobald Sie versuchen, auf Instagram ein Sieben-Gänge-Menü zu servieren, werden Sie in Schwierigkeiten geraten. Jetzt denken Sie vielleicht: Meine Inhalte sind dafür aber zu komplex! Dann brechen Sie sie runter. Ist Ihr Produkt oder Ihre Dienstleistung erklärungsbedürftig, ist es Ihre Aufgabe, es leicht und verständlich auszudrücken.

Erstellen Sie einen Content-Plan

Sie werden mit der Zeit feststellen, dass es anstrengend ist, jeden Tag aufs Neue Inhalte zu generieren. Wenn Sie sich auf spontane Inhaltsgenerierung verlassen, wird irgendwann der Tag kommen, an dem Sie einfach keine Zeit haben, um sich auf die Schnelle etwas Kreatives auszudenken.

Aus diesem Grund macht es Sinn, Inhalte und Themen schon im Vorfeld festzulegen. Das geschieht in Form eines Content-Plans. In diesem Plan legen Sie fest, welche Themen Sie zu welchem Zeitpunkt posten. Das bedeutet nicht, dass Sie keine spontanen Ideen mehr veröffentlichen können. Es ist vielmehr eine Unterstützung, damit Sie nicht jeden Tag in Stress geraten.

Fangen Sie zunächst mit einer Woche an und planen Sie diese durch. Anschließend können Sie die Inhalte für diese Woche schon erstellen. Instagram ermöglicht es, dass Posts geplant veröffentlicht werden können – mit einer Software, wie Hootsuite.com, Later.com oder Planoly.com.

Einige Content-Ideen:

- Zeigen Sie Ihre Produkte und Dienstleistungen, nachdem Sie Vertrauen aufgebaut haben.

- Präsentieren Sie Produkte und Dienstleistungen, die vor und nach Ihrem Produkt genutzt werden.

- Teilen Sie Ihre Überzeugungen und vor allem Ihre Meinung – Meinungen erhalten viele Interaktionen.

- Zeigen Sie Ihr Team oder einzelne Personen.

- Teilen Sie Angebote und Sonderaktionen.

- Stellen Sie Werkzeuge vor, die Sie selbst benutzen.

- Sprechen Sie eine gemeinsame Sprache: Zeigen Sie, dass Sie die Sprache Ihrer Zielgruppe sprechen.

- Teilen Sie, welche Bücher und Seminare Sie besucht haben und was Sie daraus mitgenommen haben.

Diese drei Fragen sollten Sie vor dem Veröffentlichen beantworten

In den sozialen Netzwerken gibt es viele schlechte Inhalte und viele davon hätten verhindert werden können. Der größte Fehler ist, den Post nicht durch die Augen der Nutzer zu betrachten. Das führt zu langweiligen Posts ohne Mehrwert.

Stellen Sie sich vor der Veröffentlichung diese drei Fragen:

- Würden Sie den Post liken?

- Würden Sie den Post kommentieren?

- Würden Sie den Post weiterempfehlen?

Wenn Sie nicht mindestens die ersten beiden Fragen mit einem „Ja" beantworten, dann löschen Sie den Post oder formulieren Sie ihn um.

Mit der Zeit entwickeln Sie ein Gefühl dafür, welche Inhalte gut ankommen. Lassen Sie sich von Content, der nicht gut funktioniert, nicht unterkriegen.

Dokumentieren Sie, statt zu kreieren

Gerade zu Beginn ist es nicht leicht, Inhalte zu posten. Das Medium ist neu und Sie sind unsicher, wie alles funktioniert. In genau dieser Unsicherheit liegt Ihr erster Content. Sprechen Sie über diese Unsicherheiten und darüber, dass Sie dieses Medium kennenlernen möchten.

Wenn Sie Mitarbeiter haben: Fragen Sie, wer dieses Medium bereits nutzt. Vielleicht erhalten Sie wertvolle Impulse. Als Geschäftsführer sollten Sie eine Zeit lang selbst das Medium nutzen. Sehen Sie es als Spiel an, dessen Mechanik Sie begreifen möchten.

Die folgende Software unterstützt Sie bei der Erstellung von Beiträgen:

- Für die Erstellung von Beiträgen mit Text-Overlays empfehlen sich PowerPoint, Keynote oder Adobe Spark.

- Das Schneiden von Videos und Hinzufügen von Untertiteln gelingt am besten mit Camtasia.

Auf den Punkt gebracht

Guter Content ist auf die individuellen Lebensrealitäten Ihrer Zielgruppe ausgerichtet. Je mehr sich Ihr Post mit den gefühlten Hindernissen und Lebensweisen der Zielgruppe überschneidet, desto besser wird Ihr Content angenommen. Er sollte polarisieren und dafür sorgen, dass allgemein akzeptierte Vorstellungen infrage gestellt werden.

Guter Content beinhaltet folgende Merkmale:

- Er stellt das aktuelle Weltbild infrage oder teilt persönliche Einsichten.

- Ist provozierend und findet den kleinsten gemeinsamen Nenner Ihrer Follower.

- Regt zum Nachdenken an und beschäftigt die Follower noch über das Posting hinaus.

- Ruft zu einer Handlung auf.

- Bietet Mehrwert für den Leser.

- Eine positive Stimmung wird vermittelt.

- Besitzt eine klare Dramaturgie.

- Sie selbst würden ihn teilen, liken und kommentieren.

Wie Sie einen lebendigen Instagram-Kanal aufbauen

Ein lebendiger Instagram-Kanal lebt von den Interaktionen Ihrer Follower mit Ihnen. Er zeichnet sich dadurch aus, dass die Follower Ihre Beiträge liken, kommentieren, speichern und ihren Freunden empfehlen. Wenn Sie eine gute Verbindung zu Ihren Followern haben, antworten diese auf Ihre Stories, stellen Ihnen Fragen durch Direktnachrichten und erkunden sich nach Ihrem Wohlergehen. Durch eine noch aktivere Community wird Ihr Kanal zum Leben erweckt.

In diesem Kapitel zeige ich Ihnen die wichtigsten Tipps und Tricks, damit Sie in Zukunft eine aktive bzw. noch aktivere Community haben. Eine aktive Community ist deshalb ratsam, weil sie Ihnen hilft, ständig nah am Markt zu bleiben. Sie werden schneller über Veränderungen informiert und können Ihre Produkte in Echtzeit an Marktveränderungen anpassen.

Wie Sie die ersten Fans bekommen und halten

Instagram bewertet Inhalte nach Relevanz. Die Grundlage der Relevanz sind die Interaktionen mit Ihrem Content. Wenn niemand mit Ihrem Content interagiert, geht Instagram davon aus, dass Ihr Profil uninteressant ist. Eine aktive Community setzt sich regelmäßig mit Ihren Inhalten auseinander und wird deshalb die Relevanz Ihres Instagram-Kanals insgesamt steigern.

Damit das gelingt, brauchen Sie „Überzeugungstäter": Follower, die bereit sind, Ihr Fan zu werden. Diese ersten Fans sind die Basis für eine aktive Community und das hat folgenden Grund: Viele Menschen möchten nicht aus der Masse hervorstechen und der Erste sein. Das liegt daran, dass die Masse Sicherheit bietet.

Am Anfang Ihrer Instagram-Karriere haben Sie genau dieses Problem: Niemand kennt Sie. Sie zu liken und zu kommentieren, ist ein gefühltes Risiko für den Nutzer.

Wie viel Energie Sie am Anfang investieren müssen, hängt stark von Ihrer Branche ab. Sind Sie z. B. der Hersteller für ein Produkt, dann kann Ihr Content schon ausreichen, um Nutzer zum Kommentieren zu motivieren. Doch gerade Dienstleister müssen auf Instagram erst einmal in Vorleistung gehen.

Kommentieren Sie unter den Beiträgen anderer Nutzer

Natürlich möchten Sie, dass möglichst viele Menschen mit Ihren Inhalten interagieren – alle anderen möchten das auch. Deshalb sollten Sie es anders machen als die anderen und aktiv in die Instagram-Community einsteigen – durch das strategische Schreiben von Kommentaren unter die einzelnen Beiträge Ihrer Zielgruppe. Kommentare sind eine sehr effektive Möglichkeit, mit der Zielgruppe in Kontakt zu treten und sie von sich zu überzeugen.

Ich empfehle meinen Kunden deshalb, ein bis zwei Stunden pro Tag mit dem Schreiben von Kommentaren zu verbringen – im Schnitt sind das 80 bis 90 Kommentare pro Tag. Jeder Nutzer freut sich über einen wertschätzenden Kommentar unter seinen Bildern. Sobald Sie einen Kommentar schreiben, wird der Ersteller des Inhalts darüber informiert. Sie gelangen damit in die Aufmerksamkeit des Nutzers. Jetzt passiert Folgendes: Wenn Sie einen wertvollen Kommentar schreiben, wird der Nutzer Ihren Instagram-Kanal aufrufen und sich ein Bild davon machen, was für ein Mensch Sie sind und welche Inhalte Sie auf Ihrem Account anbieten. Im besten Fall sorgt das dafür, dass diese Person Ihnen folgt oder eine Direktnachricht schreibt. Damit Sie diesen „Kommentar-Marathon" möglichst effektiv gestalten, empfehle ich Ihnen folgendes Vorgehen:

1. Suchen Sie in der Instagram-Suche nach einem Hashtag, der zu Ihrer Zielgruppe passt.

2. Rufen Sie die Suchergebnisse für einen Hashtag auf und drücken Sie auf ein beliebiges Bild. Die Gitter-Anzeige ändert sich dann in eine Listen-Anzeige.

3. Scrollen Sie durch die Beiträge und liken Sie interessante Beiträge.

4. Lesen Sie sich die Bildunterschriften von besonders informativen Beiträgen durch.

5. Verfassen Sie ein Kommentar mit Bezug zum Bild und ergänzen Sie das Ganze am besten mit einer provokanten oder weiterführenden Frage. Damit steigern Sie die Interaktion und erhöhen dadurch die Aufmerksamkeit, die Ihnen eine Person entgegenbringt.

6. Folgen Sie besonders inspirierenden Profilen und notieren Sie, wer als Partner für Ihr Marketing infrage kommt.

7. Schreiben Sie interessanten Personen eine Direktnachricht mit einem Lob. Kommunizieren Sie deutlich, wofür Sie loben – sonst wirkt Ihr Lob schwach und beliebig.

Dieses Vorgehen ist sehr effektiv und macht Ihren Namen in der Branche bekannt. Versuchen Sie dabei auf keinen Fall, direkt etwas zu verkaufen, sondern denken Sie daran, einen Mehrwert zu schaffen.

Sie werden nach wenigen Tagen feststellen, dass andere Menschen unter Ihre Beiträge kommentieren. Mit der Zeit bauen Sie so Schritt für Schritt die ersten Follower auf.

Antworten Sie auf jeden Kommentar und jede Direktnachricht

Es ist deprimierend, wenn andere Menschen mit Ihnen in Kontakt treten möchten und ignoriert werden. Deshalb ist es wichtig, dass Sie auf jeden Kommentar reagieren und diesen beantworten. Sie können Kommentare liken (mit einem Klick auf das kleine Herz) – das reicht aber nicht aus, um Wertschätzung zu demonstrieren. Ein Kommentar von Ihnen ist dann erfolgreich, wenn er eine weitere Handlung provoziert.

Das Gleiche gilt ebenso für Direktnachrichten: Unbeantwortete direkte Nachrichten lassen einen Kanal tot und ungeliebt aussehen.

Danken Sie den ersten Followern und zeigen Sie Wertschätzung

Ich schreibe jetzt noch vielen Menschen eine wertschätzende Direktnachricht, wenn ich ihre Kommentare toll finde. Wenn sich jemand die Mühe macht und einen mehrzeiligen Kommentar verfasst, ist das etwas Wertvolles und dafür bedanke ich mich. Das gilt für positive wie auch kritische Kommentare. Versuchen Sie auch in der Direktnachricht, ein

Gespräch aufzubauen und damit eine engere Bindung zum Follower herzustellen. Wenn Sie es schaffen, dass Sie dort einen begeisterten Fan heranziehen, haben Sie die Grundlage für einen lebendigen Kanal geschaffen.

Damit Sie nicht ständig durch Instagram aus dem Arbeitsalltag gerissen werden, empfehle ich Folgendes:

• Deaktivieren Sie alle Benachrichtigungen von Instagram oder schalten Sie sie zumindest stumm.

• Legen Sie eine feste Zeit während des Tages fest, zu welcher Sie Kommentare und Direktnachrichten beantworten.

Dieses Vorgehen ist vor allem dann wichtig, wenn Sie in Zukunft bedeutend mehr Interaktionen auf Ihrem Kanal wahrnehmen.

Instagram ist keine Insel

Die Strategien in diesem Buch waren bisher alle auf die Instagram-Welt bezogen – doch Instagram ist keine Insel. Ihr Kanal wird dann erfolgreich, wenn Sie diesen in Ihren Marketing-Mix integrieren.

Das bedeutet, dass Sie in Ihrem Geschäft, in E-Mails, auf Facebook, YouTube oder sogar Ihrer Visitenkarte auf Ihren Instagram-Kanal aufmerksam machen. Begeisterte Kunden können so zu Followern auf Instagram werden. Fragen Sie Ihre Kunden, welche Inhalte sie sich wünschen oder sammeln Sie „Häufig gestellte Fragen" und beantworten diese während einer Live-Übertragung.

So verkaufen Sie auf Instagram

Der richtige Verkauf auf Instragam erfordert eine gute Mischung aus Angeboten und unterhaltsamen Inhalten. Mit der Zeit bekommen Sie ein Gefühl dafür, was funktioniert und was nicht. Lassen Sie sich von den folgenden Punkten inspirieren und probieren Sie vor allem sehr viel aus.

Lassen Sie sich empfehlen

Ihre Community mag Sie und Ihre Inhalte, dennoch braucht ein Großteil Ihrer Community Ihr Produkt zurzeit nicht. Eine Strategie für den Verkauf auf Instagram ist deshalb: Lassen Sie sich empfehlen. Statt direkt an Ihre Community zu verkaufen, können Sie Ihre Community als Vertriebsteam nutzen.

Dafür müssen Sie nichts tun, außer Ihre Follower freundlich um einen Gefallen zu bitten: Rufen Sie dazu auf, sich im Bekanntenkreis umzuhören, wer Ihre Dienstleistung oder Ihr Produkt gebrauchen könnte. Nennen Sie dafür direkt ein paar Gründe und helfen Sie Ihren Followern, Sie zu empfehlen. Je leichter Sie Ihren Followern dies machen, desto mehr werden Sie empfohlen:

- Geben Sie Situationen vor, in denen Ihr Produkt oder Ihre Dienstleistungen benötigt werden.
- Schulen Sie Ihre Follower, wie diese Ihr Produkt empfehlen können. Schärfen Sie dabei vor allem die Nutzen-Argumentation.
- Geben Sie einen Prozess vor, wie Ihre Follower aus einem Bekannten einen Kunden von Ihnen machen.

- Lassen Sie Ihre Follower an Ihrem Umsatz durch einen Affiliate-Link partizipieren.

- Durch ein klares Beispiel Ihrer Wunschkunden können Sie leichter empfohlen werden.

Bitten Sie Ihre Follower darum, Sie an Freunde und Bekannte zu empfehlen. Sie werden erstaunt sein, wie bereitwillig Sie weiterempfohlen werden, wenn Sie mit gutem Content überzeugen. Je klarer Sie kommunizieren, was Sie suchen, desto besser kann Ihnen geholfen werden.

Ihre Follower als Vertriebsteam

Wenn Sie Ihre Follower effektiv schulen, können Sie sich ein starkes Vertriebsteam aufbauen. Oftmals empfehlen Ihre Follower Sie nur nicht, weil Sie sie nicht darum bitten.

Das Posten von Angeboten in der Story und im Feed

Ein gutes Angebot im Feed oder in der Story unterscheidet sich kaum von einem normalen Inhalts-Posting. Der einzige Unterschied ist, dass Sie etwas verkaufen möchten.

Nach Wochen des Beziehungsaufbaus ist es an der Zeit, der Community ein konkretes Angebot zu machen. Verstellen Sie sich nicht, wenn Sie ein Angebots-Posting verfassen, sondern behalten Sie Ihre gewohnte Tonalität bei. Viele Menschen verfallen in ein „Verkäufer-Deutsch", sobald es um den Verkauf geht.

Bleiben Sie genauso unterhaltsam und locker wie in Ihren bisherigen Posts und Stories. Als Zeichen der Wertschätzung Ihrer Community gegenüber können Sie einen speziellen Preis machen oder ein Geschenk zu Ihrem Produkt oder Ihrer Dienstleistung dazugeben.

Kündigen Sie Ihr neues Produkt oder Ihre Aktion an

Wenn Sie eine besondere Aktion (Jahreszeiten, Feiertage etc.) planen, können Sie auf diese im Vorfeld schon hinweisen. Das Ganze lässt sich mit einem Content-Posting verknüpfen.

Aktion eines Wellness-Hotels

Als Wellness-Hotel könnten Sie einen Monat vor dem Valentinstag einen auf Männer oder Frauen zugeschnittenen Post verfassen. Sie könnten uninspirierten Männern helfen, den perfekten Valentinstag zu planen. Oder Sie bieten für Ihre Community das Wellness-Paket günstiger an.

Je besser Sie Ihre Follower kennen, desto leichter wird es Ihnen fallen, das perfekte Angebot zu schnüren.

Direkter Verkauf über Direktnachrichten

Diese Methode ist mit Vorsicht zu genießen. Damit Sie das umsetzen können, brauchen Sie einen guten Draht zum Follower, den Sie anschreiben. Ich selbst verwende diese Methode, um meinen Instagram-Kurs anzubieten. Mein Verkaufstext ist dabei so aufgebaut, dass er darauf abzielt, jemand anderen zu finden:

> *Beispiel für eine Verkaufs-Direktnachricht*
>
> *Hallo Melanie,*
>
> *Du weißt, ich bin sehr froh darüber, dass wir uns über Kommentare und Direktnachrichten regelmäßig austauschen. Die Tage habe ich ja meinen Instagram-Business-Kurs veröffentlicht und ich freue mich, wenn Du jemanden kennst, für den das interessant sein kann. Du selbst kannst, als treuer Follower, den Kurs mit 15 Prozent Rabatt mit dem Code XYZ kaufen. Du findest hier auf meiner Webseite noch mehr Informationen dazu.*
>
> *Wenn Du Fragen hast, gerne her damit! Ich freue mich auf Feedback!*
>
> *LG Dennis*

Eine solche Direktnachricht sende ich nicht an jeden Follower. Durch die offene Kommunikation erfahre ich schnell, warum jemand nicht bei mir kauft. Besonders guten Followern biete ich den Kurs kostenlos im Tausch gegen eine Referenz mit Video an. So kann ich auf meiner Verkaufsseite für Vertrauen sorgen und damit mehr Kunden vom Kauf überzeugen.

Der 20-Minuten Quick-Call

Viele Unternehmen sind unsicher, ob Instagram für sie das richtige Medium ist. Deshalb ist Vertrauen ein sehr wichtiger Faktor. Meine Schulungen sind eine Investition für viele Selbstständige und Unternehmen und ich biete sogenannte 20-Minuten Quick-Calls an. In diesen Telefonaten geht es nicht um den Verkauf meiner Dienstleistung, sondern ausschließlich um den Mehrwert für den Kunden. Ich gebe in diesen Telefonaten schon Tipps und Tricks, für die andere Geld verlangen würden. Meistens schließe ich das Gespräch (die letzten 30 Sekunden) mit einem Pitch zu meiner Dienstleistung ab. Zu keinem Zeitpunkt möchte ich das Gefühl erwecken, dass das Telefonat nur dem Zweck des Verkaufs dient.

Sie werden merken, wie begeistert potenzielle Kunden sind, wenn Sie im Telefonat nicht versuchen, zu verkaufen. Viele Kunden sagen mir, dass sie gerade deswegen bei mir gekauft haben. Natürlich ist es wichtig, dass Sie Ihre Dienstleistungen erwähnen, aber ein Telefonat ist eine gute Möglichkeit, sich von Ihrer besten Seite zu präsentieren.

Führen Sie eine Liste Ihrer Follower

Instagram ist in der Verwaltung der eigenen Community sehr eingeschränkt. Community-Management geht nur über externe Hilfen. Deshalb führe ich eine Excel-Liste mit den aktivsten Mitgliedern meiner Community. Dort halte ich Vorlieben und persönliche Geschichten fest und kann dadurch viel einfacher persönlich kommunizieren.

Das Ziel ist klar: Jeder Follower soll das Gefühl bekommen, dass er einen besonderen Platz einnimmt. Dadurch gewinnen Sie Ihre ersten Follower, die zu Fans werden.

Mit vielen meiner Follower stand ich telefonisch schon in Kontakt. Diese persönliche Bindung hat mir dabei geholfen, meine Produkte und Dienstleistungen noch weiter zu verbessern.

Live-Übertragungen auf Instagram

Für einen lebendigen Instagram-Kanal ist es wichtig, dass Sie neben Sympathie auch Vertrauen aufbauen. Mit einem Instagram-Live können Sie bis zu 60 Minuten mit Ihren Followern interagieren: Fragen stellen und stellen lassen sowie Ihre Gedanken teilen. Ein Instagram-Live durchzuführen, kostet zu Beginn etwas Überwindung, schafft dann aber eine sehr enge Beziehung zu Ihren Followern und erhöht damit das Vertrauen.

Diese Live-Übertragungen sind wie ein gemeinsamer Kaffee mit meinen Followern. Dadurch stärke ich beispielsweise durch Einblicke in meinen Alltag die Bindung zu meinen Followern.

Live-Übertragungen: Den Tag reflektieren

Vor einiger Zeit war ich bei dem Geschäftsführer eines deutschen Hidden Champion. Das Gespräch mit dem Geschäftsführer hat mir spannende Einblicke in die Lebensrealität eines Geschäftsführers geboten. Diese Erfahrung habe ich anschließend, ohne Nennung von Namen, für meine Follower und mich selbst reflektiert. Während ich durch die Stadt lief, habe ich eine Live-Unterhaltung mit meinen Followern durchgeführt. Viele Menschen schätzen diesen sehr persönlichen Einblick. Für Sie als Inhaltsersteller ist das zunächst ungewohnt. Mein Tipp ist: Lassen Sie sich nicht verunsichern, Sie wachsen dadurch ungemein.

Um ein erfolgreiches Instagram-Live durchzuführen, ist es entscheidend, dass Sie es richtig vorbereiten. Gerade am Anfang ist es ratsam, sich einen Aufbau für das Live zu überlegen. Sobald Sie diesen ersten Aufbau haben, kündigen Sie das Live an. Ihre Follower werden darüber informiert, sobald Sie eine Live-Übertragung beginnen.

Auch für ein Live gilt, dass es einem Zweck dienen sollte: Was werden Ihre Follower daraus lernen und was können sie von Ihnen erwarten? Bereits in der Ankündigung sollten Sie diesen Cliffhanger erwähnen, damit Ihre Follower schon gebannt darauf warten, mehr zu erfahren.

Lassen Sie innerhalb des Lives auch immer etwas Zeit für Fragen der Community. Live-Übertragungen leben auch von ihrer Spontanität. Oftmals ergeben sich Situationen ganz spontan, in denen Sie Fragen durch Ihr Publikum beantworten können. Die Fragen aus dem Publikum sollten immer einmal vorgelesen und dann beantwortet werden.

Es ist empfehlenswert, am Ende des Lives eine klare Handlungsaufforderung zu äußern — damit erhöhen Sie direkt den Impact Ihres Lives.

Auf den Punkt gebracht

Der Erfolg Ihres Instagram-Kanals ist von der Interaktion mit Ihren Followern abhängig. Instagram hat ein großes Interesse daran, die Nutzer an die Plattform zu binden. Aus diesem Grund bewertet es die Kanäle als relevant, die eine hohe Interaktion und damit Verweildauer erzeugen. Eine starke Interaktionsrate ist eine wichtige Kenngröße für den nachhaltigen Erfolg auf Instagram.

Inzwischen reicht guter Content nicht mehr aus: Damit Sie mit Ihrem Instagram-Kanal wachsen können, müssen Sie sich zusätzlich aktiv in der Community einbringen. Dafür können Sie die Beiträge anderer Nutzer kommentieren oder Direktnachrichten an andere Nutzer verfassen. Durch diese Interaktionen mit möglichst hohem Mehrwert gelangen Sie in die Aufmerksamkeit anderer Nutzer. Diese werden Ihr Profil aufrufen, wodurch sich die Chance erhöht, dass diese Ihnen folgen werden. Entscheidend ist, dass Sie dafür ein ansprechendes Profil für Ihre Zielgruppe haben.

Neben Instagram sollten Sie außerdem noch andere Kanäle, wie Messenger Marketing, E-Mail-Newsletter oder Facebook-Gruppen, zur Kommunikation verwenden. Durch diese alternativen Kommunikationskanäle senken Sie die Abhängigkeit von Instagram. Je mehr Kanäle Sie effektiv abdecken können, desto stärker binden Sie Ihre Community an sich.

Die ersten Follower sind die Wichtigsten: Wenn Sie es schaffen, dort ein Fundament echter Fans aufzubauen, erhält Ihr Kanal ein Grundrauschen, das ihn interessant macht – sowohl für andere Nutzer als auch für Instagram.

Die Macht guter Werbeanzeigen

Im folgenden Kapitel werden Sie erfahren, wie Sie durch gute Werbeanzeigen Ihren Umsatz steigern sowie viele Follower generieren.

Mit Ihren Wettbewerbern und anderen Unternehmen kämpfen Sie konstant um die Aufmerksamkeit Ihrer Zielgruppe. Deshalb ist es wichtig, dass Sie wissen, wie Sie Ihre Anzeigen effektiv und effizient einsetzen.

Mit Werbeanzeigen können Sie unterschiedliche Ziele erreichen:

- Die Werbeanzeige soll die Aufmerksamkeit auf Ihre Marke richten. In der Customer Journey steht der Nutzer in diesem Fall noch am Anfang.
- Die Werbeanzeige hat das Ziel, direkt einen Verkauf zu erzielen. Der Nutzer ist bedeutend näher an der Kaufentscheidung.

Vor dem Schalten einer Werbeanzeige sollten Sie für sich genau festlegen, welches Ziel Sie damit erreichen möchten.

Die Charakteristika einer guten Werbeanzeige

Eine gute Werbeanzeige hat folgende Charakteristika:

- Sie sieht nicht aus wie eine Werbeanzeige.
- Es werden Emotionen ausgelöst (auch im B2B).
- Sie wirkt wie der Post eines Freundes und ist geschrieben wie die Nachricht eines Freundes.

- Zeigt, wie Sie oder Ihr Unternehmen sind.
- Nutzen Sie keine Stock-Images (gekaufte Fotos). Nutzer erkennen diese fünf km gegen den Wind als Werbung.
- Löschen Sie keine negativen Kommentare, sondern gehen Sie darauf ein.

Mit der folgenden Vorlage gelingt es Ihnen, eine starke Werbeanzeige zu gestalten und dadurch die Schutzmechanismen der Nutzer zu überwinden und eine Reaktion auszulösen.

So bauen Sie eine starke Werbeanzeige

In unseren Köpfen gibt es viele Schutzmechanismen, die uns vor lästiger Werbung schützen. Diese Mechanismen sorgen dafür, dass Sie an den meisten Produkten im Supermarkt vorbeilaufen – an den Lieblingssüßigkeiten leider nicht.

Ohne diese Schutzmechanismen würden in jeder Sekunde zu viele Informationen auf uns einströmen. Das ist einer der Gründe, wieso unser Gehirn uns vor „langweiligem" Content schützt: Er hat schlicht keine Relevanz. Aus diesem Grund funktioniert Werbung dann gut, wenn sie uns aus dem gewohnten Umfeld herausreißt. Jeder von uns läuft mit einem Tunnelblick durch die Welt; Smartphones unterstützen uns dabei.

Das amerikanische Militär nutzt die F-117 Nighthawk Tarnkappen-Jäger, um vom feindlichen Radar nicht wahrgenommen zu werden. Eine F-117 Nighthawk erscheint auf dem Radar als Vogel – sie wird unsichtbar für das Radar.

In unserem Fall ist das Radar die Wahrnehmung, die es gewohnt ist, Werbung im Internet mit großer Genauigkeit zu erkennen. Der Trick einer „Tarnkappen-Anzeige" ist ebenfalls, möglichst nicht als Werbung aufzufallen. Um dieses Ziel zu erreichen, zeige ich Ihnen, wie Sie in sieben Schritten eine „Tarnkappen-Anzeige" erstellen:

1. Provokation

Provozieren Sie! Mit dem Slogan „Menschen mögen Werbung" habe ich eine erfolgreiche Werbeanzeige auf Instagram und Facebook geteilt. Sie ist provokant und widerspricht dem gängigen Meinungsbild: „Niemand mag Werbung!"

2. „Tarnkappen-Anzeigen" sind ein Geschenk

Was folgt auf eine solche Headline oder einleitende Frage? Content! Denn Sie haben den Nutzer neugierig gemacht und bieten ihm jetzt ein Geschenk an: Guten Content. Der gute Content sollte ihm helfen und ihn weiterbilden. Geben Sie in Ihrer Werbeanzeige z. B. einen Tipp, den sich andere bezahlen lassen würden.

Wenn Ihre Anzeige ein Problem des Lesers löst, ist sie ein Geschenk. Eine solche Anzeige versucht nicht mit „20 Prozent Rabatt auf alles" zu werben, sondern dreht sich erneut um das „Geben. Geben. Geben."

3. Kein Verkauf, keine Show

Eine gute Werbeanzeige versucht nicht, mit „wir sind die Schönsten, die Besten und die Tollsten" zu überzeugen. Die Werbeanzeige muss möglichst nah an das Ziel heranfliegen, ehe Sie den Nutzer zu einer Reaktion aufrufen.

Eine solche Anzeige mit Blick auf den Mehrwert für den Leser ist ein Ausdruck Ihrer Wertschätzung. Indem ein Nutzer sich mit Ihrer Werbeanzeige auseinandersetzt, gibt er Ihnen etwas sehr Kostbares: Seine Aufmerksamkeit.

Er geht in Vorleistung und Sie müssen liefern. Wenn Sie diesen Vertrauensvorschuss verspielen, ist der Nutzer enttäuscht.

4. Schreiben Sie einen langen Werbetext

Sie möchten einen Klick, damit mehr Besucher auf Ihre Webseite gelangen. Im besten Fall möchten Sie zusätzlich einen Werbebanner einblenden, um die E-Mail-Adresse des Nutzers zu bekommen. Was Sie möchten, spielt aber leider keine Rolle.

Ihr Nutzer sitzt gerade an der S-Bahn-Haltestelle oder steht in einer Warteschlange. Er hat Instagram für etwas seichte Unterhaltung geöffnet – und dann kommen Sie. Nach vier Zeilen erscheint: Hier ist mein Link, klicken Sie darauf! Hand aufs Herz: So sehen die meisten Werbeanzeigen aus.

Ihr Nutzer ist mit seiner Aufmerksamkeit in Vorleistung gegangen. Wenn Sie ihm die wichtigsten Informationen vorenthalten, nur damit er klickt, muss er noch einmal in Vorleistung gehen: Er verlässt die Plattform und soll noch ein paar Sekunden warten, um währenddessen zusätzlich kostbares Datenvolumen aufzubrauchen – dafür, dass Ihr Content dann vielleicht nicht seine Erwartungen erfüllt?

Die Alternative: Schreiben Sie einen langen Werbeanzeigentext und geben Sie dem Nutzer bereits ein paar Informationen. Das erhöht die Verweildauer und damit die Relevanz der Anzeige. Gleichzeitig haben Sie sich wertschätzend gegenüber dem Nutzer verhalten. Am Ende eines langen Textes mit viel Content schreiben Sie, warum Ihre Anzeige existiert: Ihre Handlungsaufforderung.

5. Zur Handlung aufrufen

Der Werbetext ist lang und der Nutzer für seine Aufmerksamkeit belohnt worden. Unter dem Radar haben Sie die Schutzmechanismen des Nutzers unterflogen und stehen kurz vor dem Ziel. Nach wertvollen Tipps positionieren Sie einen Link am Ende Ihrer Werbeanzeige.

Diese finale Handlungsaufforderung lenkt auf eine Verkaufsseite oder auf mehr kostenlosen Content.

Die Tonalität Ihres Textes und der Preis Ihres Produktes entscheiden darüber, was hinter dem Link folgen sollte. Ein hochpreisiges Produkt benötigt mehr Vertrauen als ein günstiges Produkt. Deswegen möchte der Nutzer über ein teureres Produkt auch mehr Informationen erhalten.

Beispiele für wertvolle Werbeanzeigen

- *Eine Eventagentur teilt eine Checkliste für die Planung einer Betriebsfeier.*

- *Die Architektin teilt die häufigsten Fehler beim Bau.*

- *Ein Unternehmensberater klärt über die häufigsten Fehler in Unternehmen auf.*

- *Ein Telekommunikationsunternehmen gibt Tipps an Unternehmer, wie sie besser verkaufen können.*

6. Kein Klick? Hinterlassen Sie eine Wirkung!

Sie waren auf dem Weg zum Ziel, haben Mehrwert geboten und der Nutzer hat Ihren Link trotzdem nicht angeklickt. An dieser Stelle ist eine gute Werbeanzeige noch nicht am Ende. Wenn Sie meine Ratschläge beachtet haben, war Ihre Anzeige ein Denkanstoß für den Leser.

Haben Sie eine kontroverse und drastische Wahrheit angesprochen, dann lösen Sie etwas im Kopf des Lesers aus: Er fängt an, über Ihre Worte nachzudenken und genau das möchten Sie. Durch das Nachdenken über Ihre Werbeanzeige tritt eine Wahrnehmungsverzerrung ein. Je mehr der Leser über Ihre Botschaft nachdenkt, desto wichtiger wird sie ihm erscheinen. Denn etwas, worauf viel Zeit verwendet wird, muss wichtig sein.

7. Schreiben Sie positiv

Ihr Text wird danach bewertet, wie positiv er geschrieben ist – das gilt auch für normale Postings. Um die Verweildauer auf der Plattform zu erhöhen, ist es wichtig, dass Menschen sich gut fühlen, wenn Sie Instagram verwenden. Deshalb sollte Ihre Werbeanzeige möglichst positiv geschrieben sein.

Die „Tarnkappen-Anzeige" hilft Ihnen dabei, eine gute Relevanz-Bewertung durch Instagram zu erhalten und gleichzeitig unter dem Radar des Nutzers zu fliegen.

Auf den Punkt gebracht

Mit Werbeanzeigen können Sie Reichweite aufbauen und Ihre Produkte und Dienstleistungen verkaufen. Entscheidend ist, dass Ihre Werbeanzeige möglichst nicht nach einer aussieht. Mit der „Tarnkappen-Anzeige" können Sie unter dem Radar der Nutzer fliegen und werden durch den Algorithmus von Instagram positiv bewertet.

Werbeanzeigen können generell zwei Ziele haben: Sie dienen dem direkten Verkauf oder dazu, die Markenbekanntheit zu steigern. In beiden Fällen sollten Sie die „Tarnkappen-Anzeige" verwenden.

Diese zeichnet sich dadurch aus, dass sie einen Mehrwert bietet. Sie beinhaltet relevante Informationen und wird daher nicht als Werbung wahrgenommen. Dieser „Flug unter dem Radar" führt dazu, dass der Nutzer mit höherer Wahrscheinlichkeit auf die Anzeige reagiert.

Eine gute Werbeanzeige regt zum Nachdenken an und stellt das Bekannte infrage. Dadurch wird ein psychologischer Effekt ausgelöst, der den Nutzer von der Wichtigkeit Ihres Themas überzeugt.

Partner-Strategien für schnelles Wachstum

Sie haben Ihre Zielgruppe festgelegt, haben guten Content erstellt – jetzt geht es los! Die ersten Postings machen eine Menge Spaß, es ist aufregend zu sehen, was als Nächstes passieren wird. Doch dann kommt, was jedem Instagram-Kanal passiert: Stagnation setzt ein. Diese Phase kann lang sein und manchmal scheint es so, als wäre kein weiteres Wachstum möglich.

Spätestens jetzt können Sie entweder auf die im Kapitel sieben genannten Werbeanzeigen zurückgreifen oder Sie nutzen eine Methode, die kein Geld kostet – Partner-Marketing.

Deshalb sollten Sie Partner-Marketing anwenden

Beim Partner-Marketing arbeiten Sie mit Menschen zusammen, welche die gleiche Zielgruppe haben. Beispielsweise kann ein Steuerberater mit einem Gründungsberater zusammenarbeiten und Synergien nutzen.

Unterschied zwischen Partner-Marketing und Influencer-Marketing

Im Zusammenhang mit Instagram stellen Partner für mich Menschen dar, mit denen ein aktiver Austausch auf Content-Ebene z. B. in Form von Live-Interviews stattfindet. Ein Influencer hingegen ist jemand, der Ihre Produkte für Sie bewirbt und den Sie dafür bezahlen. In einer Partnerschaft geht es um das gemeinsame Wachstum und es fließen oftmals nur vereinbarte Provisionen.

Sie erhalten einen Vertrauensvorschuss und verkaufen leichter

Sobald Sie einen Partner gefunden haben, werden Sie auf einer oder mehreren Ebenen zusammenarbeiten. Eine der häufigsten Methoden auf Instagram ist ein gemeinsames Interview, in dem ein bestimmtes Thema aufgegriffen wird.

Durch das Partner-Marketing erhalten Sie einen Vertrauensvorschuss bei den Followern Ihres Partners. Das ist wie im „echten" Leben: Wenn Ihnen ein Freund einen Handwerker empfiehlt, dann werden Sie weniger skeptisch sein und den Auftrag mit höherer Wahrscheinlichkeit vergeben. Das Gleiche gilt für Restaurantempfehlungen oder den Kauf von Dienstleistungen über das Internet.

Auch im Partner-Marketing sollte der Mehrwert für die Follower zu jedem Zeitpunkt im Vordergrund stehen. Ihr

Partner wird die Zusammenarbeit schnell einstellen, wenn er das Gefühl hat, dass Sie seine Follower vergraulen.

Angebote oder ein „Pitch" (Verkaufsgespräch) sollten aus Höflichkeit zuvor abgesprochen sein. Ihr Gesprächspartner kann dann z. B. während einer Live-Übertragung auf Ihr Angebot hinweisen. In diesem Kapitel erhalten Sie einige Tipps für das erfolgreiche Führen von Live-Interviews.

Sie erhöhen Ihre Reichweite und Follower

Partner-Marketing hat den Vorteil, dass Sie auf einen Schlag viele neue Follower gewinnen können. Durch den Vertrauensvorschuss werden die Follower Ihres Partners eher bereit sein, Ihnen ebenfalls zu folgen. Das ist umso mehr der Fall, wenn sich Ihre Zielgruppen sehr ähnlich sind.

Einen starken Partner zu haben, der fünf- bis zehnmal mehr Follower hat als Sie, führt nicht selten zu einem Anstieg von bis zu zehn bis 15 Prozent der ursprünglichen Follower. Ein Account, der 2.000 Follower hat, kann mit einem Partner von 10.000 Followern ca. 200 bis 300 neue Follower dazugewinnen.

Damit das gelingt, sollten Sie vor einer gemeinsamen Aktion Ihr Profil aktualisieren. Es ist nichts verwerflich daran, wenn Sie für die Zielgruppe des Partners einen passenden Post veröffentlichen. Sie unterstreichen damit die Nähe zur Zielgruppe und können weiteres Vertrauen durch Mehrwert sammeln.

Gutes Partner-Marketing wird nicht nur Ihre Followerschaft vergrößern, sondern auch Ihre Reichweite. Follower durch Partner sind deswegen wertvoll, weil sie bereits bewiesen haben, dass sie aktiv sind. Wer auf ein Posting reagiert, der konsumiert die Inhalte auf Instagram aktiv. Die Chancen sind hoch, dass diese Person zudem Ihre Inhalte konsumieren und interagieren wird.

Diese erhöhte Interaktion wird die Verweildauer auf Instagram und damit den „Wert" Ihres Kanals erhöhen.

Ihre Marke gelangt leichter in den Kopf der Menschen

Die hohen Interaktionen und der Vertrauensvorschuss sorgen dafür, dass sich mehr Menschen an Ihre Marke erinnern werden. Dabei spielt es keine Rolle, ob es sich um eine Personenmarke oder ein Unternehmen handelt.

Wenn Sie maximales Vertrauen erzeugen möchten, lassen Sie Ihren Partner positiv über Sie sprechen. Dafür ist es von Vorteil, wenn Sie wirklich zusammengearbeitet haben und gemeinsame Erfolge vorweisen können. Sonst wirkt das Lob durch den Partner aufgesetzt und kontraproduktiv für die gemeinsamen Ziele.

Schnellerer Netzwerkaufbau im „echten" Leben

Der Austausch auf Instagram ist nicht so oberflächlich, wie es oft auf den ersten Blick den Anschein hat. Mit der Zeit werden Sie mit potenziellen Partnern telefonieren oder sich im „echten" Leben treffen.

Dank Instagram konnte ich mein Netzwerk um einige spannende Kooperationspartner erweitern.

So finden Sie potenzielle Partner

Es gibt Millionen von Instagram-Accounts – wie finden Sie den richtigen Partner?

Eine gute Partnerschaft ist arbeitsintensiv: Sie lernen sich kennen, bereiten gemeinsam eine Aktion vor und unterstützen sich bei Ihrer Arbeit. Aus diesem Grund ist es wichtig, dass Sie im Vorfeld selektieren, wer zu Ihnen passt.

Bevor Sie mit der Partner-Suche beginnen

Würden Sie von zwei Partnern denjenigen mit 2.000 oder mit 10.000 Followern auswählen? Auf den ersten Blick scheint diese Wahl einfach: Natürlich den mit 10.000 Followern. Immerhin haben Sie dort mehr Reichweite und damit eine größere Chance auf Verkauf und neue Follower.

Die Realität ist dennoch etwas komplizierter. Instagram ist eine Plattform, die einfach zu bedienen ist. Deshalb gibt es sogenannte Bots, die automatisierte Handlungen durchführen.

Zu diesen Handlungen gehören:

• Kommentare verfassen,

• Bilder liken,

• Direktnachrichten schreiben.

Es gibt viele Accounts, die zunächst sehr lebendig und erfolgreich wirken. Doch hinter dieser Fassade stecken oft „tote" Accounts. Bots können die Interaktionsrate beeinflussen, sodass Kanäle lebendiger erscheinen.

Deshalb ist es wichtig, dass Sie Fake-Follower und Fake-Kommentare frühzeitig erkennen.

Die folgenden Kriterien helfen Ihnen dabei, einen vermeintlich erfolgreichen Account zu „entlarven":

Viele Follower aus fremden Ländern

Sie klicken auf die Follower des Accounts und stellen fest, dass viele aus fremdsprachigen Ländern stammen (v. a. aus Asien oder Südamerika).

Die „Follower zu Likes"-Quote ist zu niedrig.

Die Quote von Followern zu Likes liegt weit unter drei Prozent. Bei 10.000 Followern sollten mindestens 300 Likes pro Beitrag vorhanden sein. Die drei Prozent sind der Durchschnitt, der auf Instagram erreicht wird.

Die „Likes zu Kommentare"-Quote ist zu niedrig

Ein Account, der keine oder kaum Kommentare hat, ist mit hoher Wahrscheinlichkeit ein lebloser Account. Wenn auf 100 Likes drei bis fünf Kommentare kommen, spricht man von einer guten Quote.

Die Kommentarqualität ist schlecht

Ein lebendiger Kanal lebt von einer aktiven Community. Bot-Kommentare sind oft generisch und einfach aufgebaut, damit sie unter möglichst viele Beiträge gepostet werden können.

Beispiele für Bot-Kommentare

- *Super!*
- *Das gefällt mir, weiter so!*
- *Weiter so, das ist toll!*
- *[Daumen hoch Emoji]*
- *Schau Dir doch auch mal mein Profil an!*
- *Tolles Bild!*

Wenn Ihnen auffällt, dass ein Kanal viele dieser Bot-Kommentare hat, kann er als möglicher Partner nicht mehr infrage kommen.

Keine Antworten auf Kommentare

Bei der Partner-Wahl sollten Sie darauf achten, dass ein offensichtlicher Austausch zwischen Kanal-Betreiber und Community stattfindet. Ich selbst antworte auf jeden Kommentar unter meinen Bildern und Videos. Für mich ist das ein Zeichen der Wertschätzung gegenüber meinen Followern. Bei Kanälen mit vielen Tausenden von Nutzern ist das irgendwann jedoch nicht mehr möglich.

Sehr langsame oder keine Antwort auf Direktnachrichten

Antworten auf Direktnachrichten sind ein guter Indikator für die Ernsthaftigkeit, mit der ein Nutzer seinen Instagram-Kanal pflegt. Reaktionen von über 24 Stunden sind bei lebendigen Kanälen eher die Seltenheit. Instagram ist mittlerweile zum Teil ein Ersatz für WhatsApp und andere Messenger geworden. Daher sollte eine hohe Reaktionsrate vorausgesetzt werden.

Wenn auf einen Kanal einige oder mehrere dieser Kriterien zutreffen, sollten Sie vorsichtig sein. Sie können alle negativen Indizien umdrehen und so die Qualität eines Kanals bestimmen.

Die Profile von möglichen Partnern können Sie auch mithilfe von Werkzeugen, wie hypeauditor.com oder socialblade.com, analysieren. Diese Werkzeuge nehmen Ihnen viele Bewertungen bereits vorher ab. Trotzdem sollten Sie ein Gefühl dafür entwickeln, wie wirklich erfolgreiche Kanäle aufgebaut sind.

Das Vorgehen auf der Suche nach einem Partner

Zunächst sollten Sie sich überlegen, was Sie Ihrem Partner anbieten möchten. Zu diesen Überlegungen gehören die richtige Ansprache des Partners und das gegenseitige Kennenlernen sowie ein klares Angebot.

Kontaktieren Sie Ihren potenziellen Partner wertschätzend

Pro Tag erhalte ich zahlreiche geschäftliche Anfragen. Die meisten davon kann ich nach einigen Sekunden löschen. Denn viele Anfragende kommunizieren nur ihren Vorteil einer Partnerschaft und lassen meine Wünsche und Bedürfnisse komplett außen vor. Denken Sie bei einer potenziellen Partnerschaft daran, was Sie dem Partner im Gegenzug anbieten können.

Das können Sie einem Partner anbieten

- **Know-how:** *Geben Sie etwas von Ihrem kostbaren Know-how ab.*

- **Zeit:** *Bieten Sie Ihre Dienstleistung an und sichern Sie sich damit Vertrauen.*

- **Werden Sie aktives Mitglied der Community:** *Gehen Sie in Vorleistung und beteiligen Sie sich in der Community des Partners. Wenn Sie dann auf ihn zukommen, kennt er Sie bereits.*

- **Jeder freut sich über Reichweite:** *Teilen Sie seine Inhalte und verschaffen Sie ihm somit mehr Follower oder helfen Sie beim Verkauf seiner Produkte, sofern Sie das verantworten können.*

Es gibt viele Wege, um für Instagram den richtigen Partner zu finden. Halten Sie im „echten" Leben die Augen offen. Auch auf Netzwerkveranstaltungen lassen sich gute Partnerschaften initiieren. Ebenso ist die Recherche im Web nach bekannten Persönlichkeiten einer bestimmten Branche möglich. Ich werde Ihnen den Weg über die Instagram-Suche zeigen.

Einen Partner mit der Instagram-Suche finden

Vor der Suche stellen Sie sich folgende Fragen:

- Welche Branche ist Ihnen vor- oder nachgelagert?

- Wer hat noch ein Interesse an Ihrer Zielgruppe?

- Wen kennen Sie bereits oder wer ist bekannt bei der Zielgruppe?

Mithilfe der Instagram-Suche können Sie gezielt nach Hashtags suchen. Sobald Sie wissen, welche Hashtags durch potenzielle Partner verwendet werden, klicken Sie sich durch die Inhalte und rufen nacheinander die verschiedenen Profile auf.

Auch über die ortsabhängige Suche können Sie Inhalte von potenziellen Partnern finden. Gehen Sie dafür in die Suche, geben Sie eine Region oder Stadt ein und drücken Sie auf das „Ort"-Icon in der Suche.

Sie bekommen jetzt alle Beiträge einer bestimmten Region angezeigt. Dieses Vorgehen eignet sich für lokale Unternehmen, die auf Partner in der Region angewiesen sind.

Sobald Sie verschiedene Accounts gefunden haben, bewerten Sie die Profile auf ihre Glaubwürdigkeit und Interaktionsraten. Beschäftigen Sie sich ebenso mit den Inhalten des potenziellen Partners:

- Teilt er ähnliche Werte und Ansichten?

- Können Sie sich mit seinem Content identifizieren?

- Wirkt der Partner sympathisch und authentisch?

Mit dem potenziellen Partner in Kontakt treten

Sie haben einen potenziellen Partner gefunden und sind bereit, Kontakt aufzunehmen. Jetzt haben Sie verschiedene Möglichkeiten:

- Sie treten klassisch über ein Telefonat in Kontakt – vor allem bei Partnern im Unternehmensbereich üblich.

- Sie schreiben eine E-Mail.

- Sie schreiben eine Direktnachricht.

Ich empfehle die Ansprache via Direktnachricht. Das hat den Vorteil, dass Sie die Antwortzeit Ihres Gegenübers testen können. Sollte diese zu lang sein, ist ihm die Pflege des Accounts nicht allzu wichtig.

> *Beispiel für eine Nachricht an einen Partner*
>
> *Hey Sebastian,*
>
> *ich habe Dein Profil entdeckt und mir gefällt Dein Beitrag, wie man gute Videos mit dem iPhone erstellt, sehr gut – das ist der Grund, warum ich Dir schreibe.*
>
> *Ich selbst helfe Selbstständigen, mit Instagram neue Kunden zu gewinnen, und unterstütze sie dabei mit kostenlosen Inhalten.*
>
> *Da wir beide die gleiche Zielgruppe haben, könnte ich mir eine Partnerschaft gut vorstellen. Ich biete zurzeit einen Instagram-Kurs an und suche dafür Affiliate-Partner. Ich würde Dir gerne einzelne Videos zur Verfügung stellen, damit Du Dich davon überzeugen kannst.*
>
> *Was hältst Du davon? Lass uns gerne telefonieren!*
>
> *LG*
> *Dennis*

Seien Sie bestrebt, ein Vertrauensverhältnis aufzubauen.

Die Mum-Influencerin und das Fitnessstudio

Als ich für eine Beratung bei einem Kunden war, kamen wir auf das Thema Partner-Marketing zu sprechen. Das lokale Fitnessstudio war auf der Suche nach jüngeren Kunden. Für das Partner-Marketing war deshalb ein Partner aus der Region notwendig. Nach kurzem Brainstorming wurden wir auf eine Mum-Influencerin aufmerksam, die ihr Yoga-Business mit Einblicken in ihr Leben als Mutter vermittelte – immerhin mit 90.000 Followern und guten Interaktionsraten.

Wir überlegten, welche Möglichkeiten das Fitnessstudio hat, um diese Frau als Partnerin zu gewinnen. Daraus entstand die Idee, ihr Trainingsflächen unentgeltlich zur Verfügung zu stellen. Die Partnerin kann mit ihrem Yoga-Kurs Geld verdienen und macht anschließend Werbung auf ihrer Seite für das Fitnessstudio.

Solche Symbiosen können Sie auch mit Ihren Partnern finden, wenn Sie sich bewusst machen, was Sie zu bieten haben.

Live-Interviews als einfachste Form der Zusammenarbeit

Wenn auch der Partner der Überzeugung ist, dass Sie zusammenpassen, ist ein Live-Interview die einfachste Form der gegenseitigen Unterstützung. Dabei informiert Instagram Ihre Follower und die Ihres Interviewpartners, dass Sie ein Instagram-Live durchführen. Das Live-Interview kann dann von Ihren Followern und denen des Interviewpartners gesehen werden.

Ein Live-Interview beginnen Sie mit der Funktion, mit der Sie auch Stories erstellen. Anschließend kann Ihnen der

Partner eine Anfrage stellen, um Ihr Gesprächspartner im Instagram-Live zu sein.

Für ein erfolgreiches Live-Interview sollten zuvor ein paar Eckpunkte festgelegt werden:

- Über welche Themen soll gesprochen werden?
- Was ist der Mehrwert für den Follower, das Interview bis zum Ende zu schauen?
- Wer sind die beiden Interviewpartner und warum treten sie gemeinsam auf?
- Welche Angebote möchten die beiden für ihre Follower machen?

Wiederholen Sie in einer Live-Aufnahme regelmäßig einige Punkte. So gehen Sie sicher, dass auch neue Zuschauer erfahren, worum es geht. Sie können Kommentare fixieren und damit immer einen Überblick bieten, wo Sie sich gerade befinden. Ein gutes Live-Interview mit echtem Mehrwert ist eine Bereicherung für Ihre Follower.

Während des Live-Interviews sollten Sie für eine nette Atmosphäre sorgen: Stellen Sie sich vor, Sie sitzen der Person gegenüber und führen eine nette Unterhaltung. Stehen Sie währenddessen auf und trinken Sie etwas, diese „Kamin"-Atmosphäre schafft echtes Vertrauen.

Kündigen Sie Ihr Live-Interview vorher an

Für den Erfolg eines Live-Interviews ist es wichtig, dass Sie Ihren Gesprächspartner, die Themen und die Zeit vorher genau kommunizieren. Viele Zuschauer sehen sich Live-Videos erst im Nachhinein an, da sie für 24 Stunden zur Verfügung stehen.

Damit Sie möglichst viele Interaktionen während des Videos erhalten, empfiehlt es sich, die Teilnehmer aktiv in das Live-Interview einzubeziehen. Lesen Sie Fragen der Teilnehmer vor und beantworten Sie diese gemeinsam mit Ihrem Interviewpartner. Diese Art der Wertschätzung wird Ihnen einen Bonus in der Community einbringen.

Live-Interviews länger als 24 Stunden speichern

Aktuell lässt es Instagram nicht zu, dass Live-Übertragungen länger als 24 Stunden gespeichert werden können. Um Abhilfe zu schaffen, empfehle ich das Tool „Chrome IG Story". Dieses Browser-Plugin ermöglicht Ihnen, Live-Übertragungen herunterzuladen.

Achten Sie, auch aus rechtlichen Gründen, darauf, dass Sie Ihren Gesprächspartner darüber in Kenntnis setzen, dass Sie das Video eventuell weiterverwenden.

Feiern Sie Erfolge und sprechen Sie über Misserfolge

Wenn Sie mit einem Partner zusammenarbeiten, um den Verkauf eines Produktes zu fördern, kann es passieren, dass Sie mit dem Ergebnis unzufrieden sind und z.B. die Verkaufszahlen nicht die erwartete Höhe erreicht haben.

Sprechen Sie offen darüber und finden Sie gemeinsam mit dem Partner heraus, woran es gelegen hat. Lassen Sie sich nach einem ersten Dämpfer nicht verunsichern.

Wichtig ist, dass Sie über Fehler in der gemeinsamen Aktion sprechen und sachlich analysieren. Gerade dann, wenn es um den Verkauf von Produkten und Dienstleistungen geht, kann es dauern, bis die Follower des Partners Vertrauen zu Ihnen aufgebaut haben.

Auf den Punkt gebracht

Partner-Marketing ist eine effektive Methode, um Reichweite und neue Follower aufzubauen. Indem Sie einen Partner finden, der die gleiche Zielgruppe hat, können Sie sich in der Branche bekannt machen. Im Partner-Marketing ist es wichtig, dass Sie mit dem Partner die gleichen Werte teilen.

Sie können Partner über die Instagram-Suche finden und dort mit Hashtags oder der lokalen Suche arbeiten. Prüfen Sie den Kanal eines möglichen Partners auf Fake-Likes und Fake-Kommentare. Wenn ein Kanal mit seiner Community wenig interagiert, wird eine Partnerschaft kaum von Erfolg gekrönt sein.

Haben Sie einen passenden Kandidaten gefunden, treten Sie mit dem potenziellen Partner am besten über eine Direktnachricht in Kontakt. Bauen Sie ein Vertrauensverhältnis auf und gehen Sie zunächst in Vorleistung. So zeigen Sie, dass es Ihnen ernst ist.

Gemeinsame Instagram-Interviews bauen Vertrauen zwischen Ihnen und Ihrem Partner auf und stellen Sie der Community des Partners vor. Wenn Sie im nächsten Schritt in den Verkauf gehen, haben Sie einen Vertrauensvorschuss, auf dem Sie aufbauen können.

Sollte eine erste gemeinsame Aktion nicht erfolgreich verlaufen, sprechen Sie über mögliche Ursachen. Schon oft habe ich erlebt, dass erst der zweite oder der dritte Versuch wirklich gute Ergebnisse gebracht haben.

Jetzt loslegen

Sie haben jetzt das Wissen, um auf Instagram eine erfolgreiche Präsenz aufzubauen oder auszubauen. Viele meiner Kunden sind überrascht, wie vielschichtig Instagram in Wahrheit ist. Bevor Sie Tage und Wochen mit der Planung verbringen, ist es wichtig, dass Sie sich einfach auf das Medium einlassen und anfangen, es zu benutzen. Am Anfang wird Sie kaum jemand wahrnehmen und das ist gut, denn so haben Sie Zeit, sich immer mehr an das Medium zu gewöhnen. Solange Sie an das Prinzip „Geben. Geben. Geben." denken, können Sie in sozialen Netzwerken fast nichts falsch machen. Dokumentieren Sie Ihre Fortschritte, denn das macht Sie authentisch und schafft echte Nähe.

Aller Anfang ist schwer. Deshalb gebe ich Ihnen in diesem Kapitel eine Sieben-Schritte-Anleitung an die Hand, mit der Sie noch heute auf Instagram anfangen oder optimiert weitermachen können. Die Anleitung soll Sie dabei unterstützen, die ersten Schritte zu machen und nicht in strategischer Planungs-Arbeit unterzugehen. Gerade zu Beginn ist es wichtig, nach dem Motto „lieber fertig als perfekt" vorzugehen. Sie lassen sich damit den Freiraum, dynamisch an die Situation heranzutreten.

Die Sieben-Schritte-Anleitung für Ihren Start bzw. für Optimierungen auf Instagram

Schritt 1: Klären Sie, welchen Mehrwert Sie bieten möchten

Ihr Kanal lebt davon, dass Sie relevante Inhalte für Ihre Follower anbieten. Malen Sie dafür eine Mindmap auf, welche die häufigsten Probleme und Interessen Ihrer Zielgruppe umfasst. Stellen Sie sich die Fragen: Was bringt meine Zielgruppe um den Schlaf? Was interessiert sie? Fokussieren Sie sich dabei nicht nur auf Probleme und Thematiken, die Sie mit Ihren Produkten lösen können. Nehmen Sie alle Probleme und Themen der Lebensrealität Ihrer Zielgruppe ins Visier und helfen Sie mit Partnern oder Erfahrungen der Zielgruppe.

Beispiele aus verschiedenen Branchen

Als Anwalt Instagram nutzen

Als Anwalt können Sie regelmäßig über Änderungen in Ihrem Spezialgebiet des Rechts informieren und Lösungen anbieten. Bekannte Internetrechtsanwälte bieten ihren Followern kostenlose Inhalte und Vorlagen.

Als Architekt Instagram nutzen

Als Architekt können Sie regelmäßig von Baustellen berichten und die häufigsten Gründe für Pfusch am Bau vorstellen. Sie bauen so eine Community aus Menschen auf, die ein Eigenheim haben wollen. Ein Architekt könnte als Grundsatz haben: Jeder hat das Recht auf ein Eigenheim. Durch seine Online-Präsenz hilft er Menschen mit einem Wunsch nach Eigenheim, diesen Wunsch zu erfüllen. Dieser Wunsch umfasst mehr als den Architekten. Er kann sich beispiels-

weise Experten für Immobilienfinanzierung ins Boot holen und wertvolle Informationen bieten.

Schritt 2: Erstellen Sie ein Konto und richten Sie Ihr Profil ein

Ihre Visitenkarte auf Instagram ist Ihr Profil. Richten Sie es gewissenhaft ein und behalten Sie dabei Ihre Follower im Hinterkopf. Wichtig ist der Link in Ihrem Profil: Legen Sie fest, wo der Nutzer hingeführt werden soll. Leiten Sie einfach auf Ihre Homepage oder nehmen Sie den Kunden an die Hand und führen ihn durch Ihr Angebot?

Sobald Sie Ihren Instagram-Account eingerichtet haben, sollten Sie als Unternehmen einen Business-Account daraus machen. Ihnen stehen dann verschiedene Statistiken zur Verfügung. Sie wandeln Ihr Benutzerkonto in ein Business-Konto, indem Sie eine Facebook-Seite mit Ihrem Instagram-Konto verbinden. Sie schalten neben den Statistiken weitere Kontaktmöglichkeiten für Ihr Konto frei. Die Verbindung können Sie über die Einstellungen vornehmen und diese jederzeit wieder auflösen.

Schritt 3: Denken Sie an die Community

Durch die unzähligen Accounts und Inhalte scheint es, als wäre es unmöglich, hervorzustechen. Fakt ist: Sie brauchen nicht Zehntausende Follower. Statt nach immer größeren Zahlen zu streben, empfiehlt es sich, sich auf die Community zu fokussieren. Fangen Sie klein an, bilden Sie eine Community und stärken Sie die Verbindung zu diesen Menschen.

Nehmen Sie Kontakt zu Partnern auf, die bereits eine erfolgreiche Community haben.

Große und kleine Unternehmen sollten gleichermaßen diese Community-Strategie forcieren. Sie werden feststellen, dass Instagram viel mehr Spaß macht, wenn Menschen mit Ihnen interagieren.

Sorgen Sie dafür, dass die Community mit Ihnen Inhalte teilt. Sie stärken damit die Verbindung zu Ihrer Community und müssen selbst weniger Inhalte generieren.

Die Macht der Follower

Eine bekannte Rezeptautorin stellt regelmäßig ihre Rezepte auf Instagram vor. Sie ermutigt ihre Follower, eigene Bilder der nachgekochten Rezepte zu veröffentlichen. Dadurch stärkt sie die Bindung zu ihren Followern. Sie kann die Bilder ihrer Follower in der eigenen Story teilen und muss nicht ständig neue Inhalte generieren.

Schritt 4: Veröffentlichen Sie Inhalte, die Sie näher an Ihre Ziele bringen

Warum möchten Sie Instagram für Ihr Unternehmen nutzen? Was sind Ihre Ziele?

Diese Fragen entscheiden über Ihre komplette Content-Strategie und über die Inhalte, die Sie in Zukunft veröffentlichen:

- Möchten Sie über Instagram verkaufen?
- Soll mit Instagram mehr Reichweite generiert werden?
- Wollen Sie ein neues Produkt einführen?

Nur was messbar ist, kann optimiert werden: Legen Sie Ziele fest und messen Sie diese möglichst jeden Tag. Geben Sie Ihren Strategien Zeit, sich zu entfalten. Es ist nicht sinnvoll, wenn Sie jeden Tag etwas Neues ausprobieren. Bleiben Sie Ihrem Bild- und Farbschema treu und manifestieren Sie sich im Kopf Ihrer Nutzer.

Schritt 5: Was ist der Narrativ Ihres Unternehmens?

Nichts eignet sich besser dazu, neue Follower und Fans zu gewinnen, als eine Geschichte zu erzählen. Alle erfolgreichen Kanäle auf Instagram haben ein Narrativ – eine Geschichte, die sich durch den ganzen Kanal wie ein roter Faden hindurchzieht. Sie müssen kein Weltklasse-Geschichtenerzähler sein. Lassen Sie Ihre Einstellungen und das, wofür Ihr Unternehmen steht, durch Ihre Bilder und Texte erkennbar werden.

Zusammengefasst bedeutet das: Sobald ein potenzieller Follower auf Ihren Kanal stößt, sollte er ein Gefühl dafür bekommen, was Sie tun. Lassen Sie Ihre Fotos für sich sprechen und zeigen Sie damit, was Sie für Ihre Kunden leisten können.

Je authentischer Ihre Fotos sind, desto klarer können potenzielle Kunden erkennen, wer Sie sind und wofür Sie stehen.

Schritt 6: Zeigen Sie Ihre Produkte

Am Ende des Tages geht es darum, Instagram für Ihr Unternehmenswachstum zu nutzen. Das bedeutet, dass Sie zeigen müssen, was Sie anbieten. Auf Instagram geht es viel um Kreativität – machen Sie auf eine charmante Art und Weise auf Ihre Produkte und Dienstleistungen aufmerksam. Ihr Verkauf sollte sich danach richten, wie Sie im analogen Leben mit potenziellen Kunden interagieren. Es geht nicht um Anzug und Krawatte, sondern um einen authentischen Auftritt.

Schritt 7: Lassen Sie sich nicht unterkriegen

Am Anfang herrscht vielleicht gähnende Leere auf Ihrem Instagram-Account. Sie starten mit wenigen Followern und einer kleinen Reichweite. Sie können Ihrem Konto einen Kickstart verpassen, indem Sie früh mit potenziellen Partnern zusammenarbeiten und Werbeanzeigen nutzen.

Starten Sie mit diesen ersten Schritten und machen Sie sich mit der Plattform vertraut. Die große Flut an Menschen, die sich von Facebook abwendet, ist eine gewaltige Chance für Sie. Fangen Sie heute damit an, eine Fanbase für die Zukunft aufzubauen.

Wie ein Vermögen wird der Wert Ihrer Community immer weiter steigen und Sie werden damit an Einfluss gewinnen. Jeder Fan ist ein Vertriebsmitarbeiter, der Ihnen gerne einen Gefallen tut. Sie brauchen sich in Zukunft weniger Gedanken über neue Kunden machen – bitten Sie einfach Ihre Community.

Auf den Punkt gebracht

Fangen Sie nach dem Lesen dieses Buches an, sich tiefer mit Instagram vertraut zu machen. Suchen Sie Accounts, deren Inhalte Sie überzeugen und verschaffen Sie sich einen Einblick, wie Instagram funktioniert.

Fangen Sie dann an, weiter auf Instagram Fuß zu fassen. Dabei ist entscheidend, dass Sie nicht Wochen und Monate der Planung investieren, sondern zügig in die Umsetzung gehen. Soziale Medien verzeihen viele Fehler und wenn Sie den Grundsatz „Geben. Geben. Geben." beachten, können Sie fast nichts falsch machen.

Nutzen Sie meine Sieben-Schritte-Anleitung, um heute noch mit Instagram zu beginnen bzw. Ihren Auftritt zu optimieren. Passen Sie Ihre Strategie jeden Tag etwas mehr an. Erschaffen Sie ein Narrativ um Ihr Unternehmen und bringen Sie Menschen mithilfe einer konsistenten Geschichte dazu, Ihnen zu folgen.

Glossar

Algorithmus: Seit Mitte 2016 wird der Instagram-Feed nicht mehr chronologisch geordnet, sondern nach einem bestimmten Muster und für die Nutzer priorisiert.

Bio: Biografie bzw. Profilbeschreibung des Nutzers. Mit „Link in Bio" wird auf einen Link verwiesen, der in der Bio hinterlegt werden kann.

Content: Inhalte, die im Internet veröffentlicht werden, wie z. B. Videos, Bilder und Texte.

Feed: Beiträge von Ihnen und den Nutzern, denen Sie folgen. Informiert den Nutzer über Veränderungen auf einem Profil, das er abonniert hat.

Feed-Post: Ein Beitrag im Feed von Instagram.

Follower: Personen, die Ihren Kanal abonniert haben und diesem folgen. In deren Timeline werden Ihre Inhalte angezeigt.

Hashtags: Schlagworte, um Ihren Beitrag zu finden. Sie sorgen für mehr Reichweite und Follower und werden mit folgendem Symbol gekennzeichnet: #.

Highlight: Stories können als Highlight gespeichert und damit länger als 24 Stunden konserviert werden.

IGTV: Damit können Videos von bis zu 60 Minuten veröffentlicht werden.

Impression: Anzahl, wie oft Ihre Beiträge in der Timeline Ihrer Follower erscheinen.

LIVE: Eine Live-Übertragung in den Stories. Diese steht für 24 Stunden zur Verfügung.

Markieren: Setzt man vor den Namen eines anderen Nutzers ein @, wird dieser in dem Beitrag bzw. in der Story markiert und benachrichtigt.

Post, posten: Ein Post ist ein Beitrag in einem sozialen Medium, auf Instagram eine Story oder ein Feed-Post. „Posten" bezeichnet die Tätigkeit, einen Beitrag zu veröffentlichen.

Push-Benachrichtigungen: Sie können einstellen, dass Sie auf Ihrem Handy über Kommentare, Likes und Markierungen benachrichtigt werden.

Statistiken: Haben Sie ein Business-Profil, erhalten Sie Statistiken zu u. a. Impressionen, Profilaufrufen, Reichweite sowie Webseitenklicks.

Story: Eine Story ist ein 15 Sekunden langes Video auf Instagram, das 24 Stunden zur Verfügung steht. Stories werden ganz oben in der Timeline angezeigt.

Timeline: Auch Newsfeed genannt. Dort werden die Beiträge von Personen angezeigt, denen Sie folgen.

Anmerkungen

1. https://www.reuters.com/article/us-facebook-instagram-users/instagrams-user-base-grows-to-more-than-500-million-idUSKCN0Z71LN Stand: 27.11.18

2. https://www.telegraph.co.uk/finance/newsbysector/mediatechnologyandtelecoms/digital-media/11772072/One-in-every-five-minutes-on-a-mobile-phone-is-spent-on-Facebook.html Stand: 27.11.18

3. http://fortune.com/2017/02/28/youtube-1-billion-hours-television/ Stand: 27.11.18

4. https://instagram-press.com/our-story/ Stand: 27.11.18

Der Autor

Dennis Tröger ist diplomierter Molekularbiologe und berät seit Ende 2016 mit TROEGER DIGITAL Unternehmen, das aufkommende Medium Instagram und Social Media lohnenswert einzusetzen. Darüber hinaus unterstützen er und sein Team Geschäftsführer und Experten, sich als Meinungsführer und Influencer in der eigenen Branche zu etablieren.

Anfang 2017 machte er sich einen Namen als Experte für Facebook Messenger Marketing (Chatbots). Zu seinen Veröffentlichungen zählen fünf Online-Kurse und fünf Bücher. Seinen Kunden sind unter anderem Pharmakonzerne, Vermögensverwalter, Weingüter, Ärzte und Berater.

Folgen Sie ihm auf Instagram:
https://dennistroeger.com/instagram!

Impressum:
Verlag C. H. Beck im Internet: www.beck.de
ISBN Print: 978-3-406-73243-0
ISBN E-Book: 978-3-406-73244-7
© 2019 Verlag C. H. Beck oHG
Wilhelmstraße 9, 80801 München
Satz: Fotosatz Buck, 84036 Kumhausen
Druck und Bindung: Beltz Bad Langensalza GmbH
Am Fliegerhorst 8, 99947 Bad Langensalza
Umschlaggestaltung: Ralph Zimmermann – Bureau Parapluie
Umschlagbild: © monkeybusiness – depositphotos.com
Gedruckt auf säurefreiem, alterungsbeständigem Papier
(hergestellt aus chlorfrei gebleichtem Zellstoff)